원 소	기 호	원자번호	원자량	그램원자부피 (cc/그램원자)	녹는점 (°C)	끓는점 (°C)
세륨	Ce	58	140.13	20	600	1400
세슘	Cs	55	132.91	70	28.4	680
셀렌	Se	34	78.96	16.4	217.4	680
수소	H	1	1.0080	11.326	-259.2	-252.7
수은	Hg	80	200.61	13.981	-38.27	356.9
스칸듐	Sc	21	44.96	18	1200	2400
스트론듐	Sr	38	87.63	34	770	1380
실리콘	Si	14	28.09	12	1427	2287
아르곤	A	18	39.944	23.861	-189.3	-185.9
아연	Zn	30	65.38	9.16	419.4	907
안티몬	Sb	51	121.76	18.4	630.5	1440
알루미늄	Al	13	26.98	9.99	660	2056
에르붐	Er	68	167.27	18.295	-	-
연	Pb	82	207.21	18.27	327.5	1717
염소	Cl	17	35.457	16.9	-100.98	-34.05
오스뮴	Os	76	190.2	8.461	2700	약 5500
요오드	I	53	126.91	25.630	114	183
우라늄	U	92	238.07	12.7	1150	약 4300
유로퓸	Eu	63	152.0	28.97	-	-
은	Ag	47	107.880	10.28	960.5	2212
이리듐	Ir	77	192.2	8.62	2400	약 5300
인	P	15	30.975	17.0	44.1(흰인)	280.5(흰인)
인듐	In	49	114.82	15.7	155	1450
잇테르븀	Yb	70	173.04	24.766	-	-
잇트륨	Y	39	88.92	16.1	1490	약 4600
주석	Sn	50	118.70	16.2	231.8	2270
지르콘	Zr	40	91.22	14	1830	5000
질소	N	7	14.008	-	-210	-195.8
철	Fe	26	55.85	7.10	1540	3000
가드뮴	Cd	48	112.41	13.0	320.9	767
칼륨	K	19	39.100	45	62.7	776
칼슘	Ca	20	40.08	26.0	850	1440
코발트	Co	27	58.94	6.6	1493	2890

일반화학실험

안용근 저

도서출판 효일
www.hyoilbooks.com

머 리 말

일반화학 실험에 대한 교재는 매우 많다.

그러나, 어느 교재를 보아도 가장 기초적이며 중요한 시약병 읽는 법은 정작 없다. 그리고 정해진 시간에 끝나기 어려운 내용도 있고, 전공에 불필요한 것들이 대부분의 내용을 차지하는 것들도 있다. 이런 교재로는 학생들에게 효과적인 지도를 하기 어려워서 직접 쉽고, 기초적이며 흥미를 느낄 수 있는 내용으로 본 교재를 집필하였다.

물론 짧은 시간에 펴내는 것이라 부족한 점이 많을 것이다. 그러한 부분은 계속 보완하고 고쳐 나갈 것이다.

이 교재가 아무쪼록 일반화학을 공부하는 학생들에게 실질적인 도움이 되리라 기대해본다.

저자 씀

차 례

1. 기본 숙지 사항

(1) 실험에 대한 이해

실험은 강의나 교과서에서 얻은 지식을 실험을 통하여 인식하는 데 목적이 있다. 그러므로 실험 지도서와 참고서를 통하여 해당 실험에 대한 지식을 익히고, 실험의 목적, 원리, 방법, 조작 등을 충분히 이해하여야 한다. 조금이라도 의심나면 지도교수에게 문의한다.

(2) 실험에 대한 자세

지도교수의 지시를 잘 이해하여 철저한 준비와 계획으로 정해진 시간에 마치도록 해야 한다. 너무 서두르거나 방법을 제멋대로 만들어 실험하면 사고가 나므로 침착하고 올바른 방법으로 한다. 또, 실험이 잘 되지 않더라도 바로 다른 사람의 협조를 요청한다던가 지도 교수의 설명을 요구하지 말고, 원인을 잘 검토하여 해결한다. 해결법에 대한 옳고 그름에 대하여는 지도교수의 의견을 구하는 것이 좋다. 그리고 조용히 하여야 하며, 다른 학생의 실험에는 상관 말고, 자신의 실험에만 열중한다.

(3) 지침서에 따라 수행

지침서에 따라 바르게 실험하여 지정된 결과를 얻은 뒤에 다음 조작한다. 시약의 분량과 용도도 반드시 지침서에서 지정된 시약, 지정된 분량을 사용하여야 한다. 시약을 과량으로 넣으면 낭비가 될 뿐만 아니라 조작이 복잡해지며, 정확한 결과를 얻을 수 없다.

(4) 실험복장

실험실에서는 항상 실험복을 착용하여야 한다. 슬리퍼를 신어서는 안 되며 구두를 신도록 한다. 가운을 입지 않아 피부와 옷이 노출되면 시약이 묻어 손상된다. 면으로 만들어진 가운은 시약에 손상되므로 합성섬유가 좋다. 가운 왼쪽 가슴에는 소속과 성명을 새긴다. 가운을 단체로 싸게 구입하면서 전원의 이름을 서비스로 새겨 받을 수 있다.

여학생들은 입술에 루즈, 손톱에 매니큐어를 칠하지 말고, 화장하지 않는다. 화장품에서 나오는 여러 성분들이 실험 결과에 영향을 미치고, 피펫 등에 루즈가 묻기 때문이다. 긴 머리는 걸리적 거리고, 불길에 닿으면 타므로 뒤로 묶는다.

(5) 지시에 따르기

모든 지시는 철저히 따르고, 조교나 교수가 없을 때 실험실에 들어가도 안 되고, 허가 받지 않은 실험을 해도 안 된다. 지시된 물질을 바꾸거나 보충할 경우는 교수의 허가를 받는다. 화학약품을 사용할 경우는 시약명을 두 번 세 번 확인하여 약품을 잘못 사용하지 않도록 한다. 실험실에서는 담배를 피워서는 절대로 안된다.

위험한 실험을 할 때에 옆의 학생을 위태롭게 하지 말아야 한다. 예로서, 시험관을 가열할 때는 시험관의 입구가 사람에게 향하지 않도록 한다.

실험실에서 뛰거나 장난치면 시약병이나 실험용기를 엎거나 떨어뜨려 깨서 대형사고가 날 수 있다. 그러므로 다른 학생들에게 위험을 끼치는 행동을 하거나 지시에 따르지 않는 학생은 추방한다.

(6) 기 록

실험실에는 실험서와 실험 노트 그리고 필기도구 이외의 것은 가지고 들어가지 않는다. 실험 데이터를 아무 데나 기록하거나, 잃어버리거나, 제대로 기록하지 않으면 실험을 다시 해야 한다. 그러므로 실험 중에 일어나는 모든 변화는 그때그때 정해진 노트에 기록해 둔다. 이때 실험순서, 장치도, 색깔의 변화 등을 상세히 기록하여 보고서 작성에 참고한다.

(7) 시약의 유출방지

유기용매는 신너(thinner, 도료 용제), 또는 마취제로 불법 유출될 수 있으므로 사용량을 항상 점검한다. 그리고, 시안화나트륨 등의 극독약은 반드시 자물통 장치를 하여 조교나 교수의 감독을 받아 사용하도록 한다. 유출하여 범죄에 사용하면 당사자와 관리자 모두 형사처벌 받게 된다.

(8) 유리기구 씻기

유리기구나 반응기구에 불순물이 조금이라도 남아 있으면 실험을 망치게 되므로 언제든지 사용할 수 있도록 청결히 하고 건조시켜 두어야 한다. 유리기구는 솔에 비누를 묻혀 깨끗이 세척하고 증류수로 씻은 후 건조시킨다. 그러나 바로 닦지 말고 비눗물통에 담가서 불은 다음 씻는 것이 좋다. 피펫은 중크롬산칼륨 용액에 담갔다가 피펫세척통에 넣어 수돗물로 환류세척한 다음 증류수로 세척하여 항온건조기로 건조한다.

(9) 정리 · 정돈, 청소

항상 실험대 위나 주변을 잘 청소하고 정리 · 정돈한다. 실험대 위에 책이나 가방을 올려놓으면 안된다. 기구는 잘 닦아서 정돈해 놓고, 넘어지기 쉬운 기구나 병을 실험대 가장자리에 놓아서는 안 된다. 그리고, 불필요한 시약이나 기구를 놓아서도 안 된다. 실험 중에도 정리 · 정돈한다. 착오나 위험을 방지하기 위해 절대 필요하다.

가스, 수도, 약품 등을 쓸데없이 사용하지 않도록 한다. 약품을 많이 사용한다고 실험이 잘되는 것이 아니고 처리하기만 힘들어진다.

시약은 흘리지 않도록 주의하며, 흘렸을 때에는 깨끗이 닦고, 강산 등의 약품이 떨어졌을 때에는 많은 물로 잘 씻어 낸다. 실험이 끝나면 사용하였던 기구는 깨끗이 씻어서 시약병과 함께 제자리에 정돈하고, 특수기구는 지정된 장소에 둔다. 걸레는 잘 빨아 놓는다.

사용한 전기, 수도, 가스 등을 확인한 후 퇴실한다.

(10) 쓰레기 및 폐기물 처리

실험실에서 사용하는 시약은 유독한 것들이 많다.

인화, 폭발, 유독가스 발생의 우려가 있는 반응 잔류물, 실험 동물의 시체, 파손된 유리 기구 등은 지정된 장소에 책임지고 버린다.

수용액 폐기물은 희석하여 버리고 유기용매는 폐액통에 모아 둔다. 물에 녹지 않는 종이, 유리 등의 고체 물질은 휴지통에 폐기한다. 환경 오염물질은 별도의 환경오염 처리과정(위탁 또는 자체)을 거쳐서 버린다. 한천, 젤라틴과 같이 응고하는 것은 끓여서 수십 배 희석하여 굳지 않는 농도로 하여 버린다. 하수구가 막히기 때문이다. 막히면 끓는 물을 호스에 넣어 덩어리에 닿도록 가해야 한다.

사용한 여과지, 용액, 파손된 유리기구는 지정된 용기에 버린다. 산이나 알칼리 폐액은 산, 알칼리를 서로 혼합하여 중화시키고 5%가 되도록 희석하여 버린다.

실험 폐기물은 가급적 양이 적을수록 좋기 때문에 양을 줄이도록 한다. 사용한 시약은 회수하여 재이용하는 방도를 구한다. 유독 금속이온은 침전 처리로 회수하여 환경오염물질 처리업자에게 처리시키는 것이 좋다.

2. 안전 조처

화학반응에서는 부식성 약품에 의한 부식, 피부의 손상, 유리파편에 의한 다치기, 화상, 유독가스에 의한 중독, 인화, 폭발, 화재 등 위험성이 있기 때문에 사용하는 약품이나 화학반응성을 사전에 충분히 이해해 두어야 한다.

(1) 허가되지 않은 실험을 해서는 안된다.

(2) 아무리 바빠도 뛰어다니지 않는다.

(3) 큰소리로 떠들거나 장난치면 안된다.

(4) 실험과 직접 관계된 기기 외에는 허가 없이 만지지 않는다.

(5) 인화성, 폭발성 물질이 많으므로 절대 담배를 피워서는 안 된다.

(6) 실험실에서 음식물을 먹어서는 안된다.

(7) 눈에 부식성 화학약품이나, 유리 파편이 들어가면 장님이 될 수가 있으므로 보호 안경을 쓴다.

(8) 인화성, 폭발성, 냄새, 연기가 발생하는 것, 유독시약, 위험한 시약, 유기용매는 후드(hood, 배기 실험대)에서 실험하며, 피펫 주입기나 오토피펫을 사용한다.

(9) 통상 실험에서도 유독가스가 발생하기 때문에 끊임없이 환기되도록 한다.

(10) 인화성 물질이나, 폭발성 물질을 취급할 때에는 소방기구를 준비하고, 주위 사람들에게 주의를 환기시킨다. 그리고 실험대에 다량 놓아두지 않도록 한다. 인화되었을 때는 물을 쓰지 말고 모래나 걸레로 덮거나 소화기를 사용한다.

(11) 화학약품은 대부분 유독성이므로 지시가 있기 전에는 냄새를 맡아서는 안된다. 냄새를 맡을 때는 증기의 일부만 코로 가도록 하고, 직접 시험관 입구나 시약병 입구에 얼굴을 대어서 냄새를 맡으면 안된다. 시약이 튀어나오거나 중독될 수 있기 때문이다.

(12) 특별한 지시가 없는 한, 어떤 시약도 맛보아서는 안 된다. 극독약이 많기 때문이다.

(13) 인화성 용매를 가열할 때는 넓적바닥 플라스크나 삼각 플라스크를 사용하지 말고, 반드시 둥근바닥 플라스크를 사용한다. 가열은 환류냉각기를 사용하여 물중탕 내에서 하며, 직접 불로 가열해서는 안된다.

그림 2.1 냄새맡기

(14) 증류, 농축, 가열시 비등석을 중간에 넣으면 범핑이 일어나 터질 수 있으므로 냉각시킨 후에 넣는다. 활성탄이나 다른 다공성 물질을 가할 때에도 마찬가지의 주의가 필요하다.

(15) 인화성 용매가 묻은 것은 폭발 위험이 있기 때문에 직접 불로 가열하거나 전기 건조기에 넣어 건조시켜서는 안 된다. 특히 아세톤, 에테르 및 알코올 등이 들어 있던 빈 병을 직접 불로 가열하면 폭발할 수 있다.

(16) 진공증류시 외부압력으로 용기가 깨어지고 폭발하는 수가 있으므로 경질 플라스크를 사용하고, 장치에 세심한 주의를 한다.

(17) 미지시료의 녹는점은 폭발성을 확인한 후 측정한다. 특히 분해로 가스가 급격히 발생하는 것은 위험하며, 니트로화합물은 모두 위험하다. 황산중탕의 실험은 잘못하면 폭발하여 황산을 뒤집어쓰는 수가 있다.

(18) 봉한 관을 열 때에는 냉각시킨 후 젖은 헝겊으로 싸서 열어야 한다. 상온에서 열 때에 폭발하는 물질도 있기 때문이다. 폭발을 막기 위해서는 충분히 냉각시킨 후 잘 싸고 손에도 젖은 헝겊을 감고 열어야 한다.

(19) 진한 산이나 알칼리를 버릴 때는 다량의 물로 흘려 버린다. 물과 반응하는 시약을 함부로 버리면 높은 열을 내거나 폭발 위험성이 있으므로 옥외의 지정된 장소에 묻어 버린다. 하수구가 플라스틱 파이프인 경우 유기용매가 녹이므로 별도로 버리던가 물에 녹는 유기용매는 다량의 물을 흘려서 녹지 않게 한다.

(20) 시험관을 써서 가열하거나 반응을 일으킬 때는 시험관 입구가 다른 학생이나 자신을 향하지 않도록 하고, 시험관 입구에 눈을 대고 쳐다보는 일이 없도록 한다.

그림 2.2   돌비에 의한 사고

(21) 실험(가스나 전열기 등으로 가열하는 경우) 도중에는 절대로 실험대를 떠나지 말아야 한다.

(22) 어떤 실험이든 최소한 팔 길이 정도 떨어진 위치에서 하여야 한다. 바로 얼굴 밑에서 하면 안 된다.

(23) 사고에 대비하여 비상구의 위치를 숙지하고, 소화기구가 비치되어 있는가 확인한다.

(24) 뜨거운 유리관은 식은 다음 만지도록 하고, 식기 전에 다른 사람이 모르고 만지지 않도록 조심한다.

(25) 고무마개에 유리관이나 온도계를 끼울 때는 물로 관과 마개를 적신 후, 끼워질 부분 가까운 곳을 헝겊으로 둘러싸서 비틀면서 끼운다. 비틀면서 끼우지 않으면 깨져서 다칠 우려가 있다.

(26) 시험관을 가열할 때는 시험관 집게를 사용한다.

(27) 미미한 사고라도 반드시 지도교수에게 보고하여 지시에 따르도록 한다.

그림 2.3   시험관 가열시는 집게를 사용

3. 화학약품 조작시의 주의사항

(1) 화학물질을 혼합할 경우, 천천히 혼합하여 반응이 격렬한지 확인하고 진행한다.

(2) 암모니아, 일산화탄소, 시안화칼륨, 수은, 인, 브롬, 아닐린, 사염화탄소, 클로로포름, 이황화탄소 등은 유독하다. 메탄올, 사염화탄소, 벤젠, 수은과 같이 흔히 사용되는 물질도 유독성이 있으므로 오랫동안 노출되지 않도록 한다. 벤젠과 같은 독성 물질은 피부를 통하여 급속히 흡수되므로 피부에 닿지 않게 한다. 그리고, 손에 묻어서 입으로 들어갈 수 있으므로 화학약품을 사용한 후 즉시 손을 씻고, 실험실을 떠나기 전에도 손을 씻는다.

(3) 황산을 희석할 때 진한 산에 물을 부어서는 절대로 안 되고, 저어주면서 물에 산을 가해야 한다. 반대로 하면 끓어 튀어서 피부에 묻어 손상을 입고, 열이 발생하여 용기가 깨지기 쉽다.

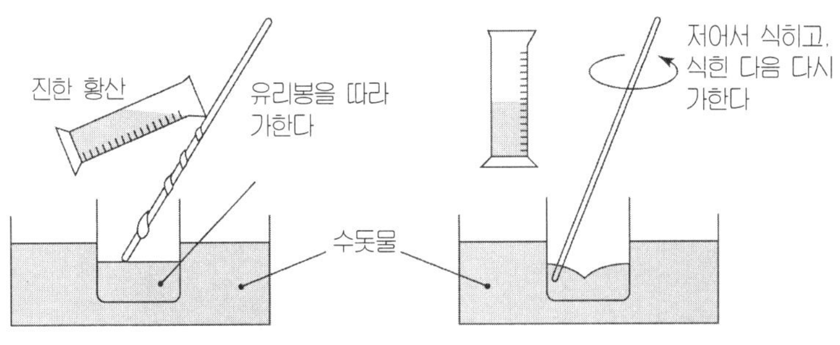

그림 3.1　　진한 황산 희석법

(4) 인화성 약품은 화재의 위험이 있다. 끓는점이 낮은 알코올, 아세톤, 에테르, 석유에테르, 벤젠, 톨루엔, 크실렌, 이황화탄소, 클로로포름, 아세트산에틸 암모니아, 황화수소 등은 인화성이 크다.

(5) 질산암모늄, 과염소산 나트륨, 피크린산, 니트로셀룰로오스 등은 폭발성이 크므로 화재예방에 각별히 유의하여야 한다.

(6) 산화반응시 급격한 반응은 피해야 한다. 중크롬산칼륨, 과망간산칼륨, 염소산칼

류, 과산화수소, 유기 및 무기과산화물 등의 산화제는 취급시 폭발에 주의한다.

(7) 수소, 에틸렌, 산화에틸렌, 아세틸렌, 에테르의 증기 등과 공기의 혼합물은 폭발하므로 주의한다. 카바이드, 무수염화알루미늄, 염화칼슘 등을 다량으로 사용할 때도 주의한다.

(8) 진한황산을 갑자기 끓이면 위험하므로, 시험관 집게로 시험관을 움직이면서 가열한다. 관 입구를 사람이 있는 쪽으로 하면 위험하다. 묽은 황산이 의복이나 피부에 묻으면 수분이 증발하면서 모르는 사이에 섬유가 상한다. 섬유에 밴 황산은 여간해서 씻어지지 않으므로 묽은 탄산수소나트륨액으로 중화시키고 다시 물로 씻는다. 피부에 황산이 묻었을 때는 곧 물로 씻고, 다음에 탄산수소나트륨 가루를 뿌리거나 묽은 용액으로 씻고 다시 물로 씻는다.

(9) 염산과 질산도 피부를 상하게 하지만 황산과 달라 증발하기 때문에 물로 잘 씻으면 된다. 질산이 피부에 묻으면 피부의 단백질과 반응이 일어나 피부가 노랗게 되지만 시간이 지나면 없어진다. 면으로 된 옷에 묻으면 상한다. 동물성 섬유에 질산이 묻으면 노랗게 된다. 옷에 묻은 질산이나 염산은 물로 잘 씻으면 된다. 조금 남아 있어도 증발된다.

(10) 수산화나트륨이나 수산화칼륨은 피부를 몹시 상하게 한다. 눈에 들어가면 눈이 멀게 되므로 깨끗한 물로 잘 씻고, 바로 의사의 치료를 받는다. 면과 같은 식물성 섬유는 알칼리에 강하지만 동물성 섬유는 약하다. 그러므로 묻으면 물로 잘 씻는다.

(11) 나트륨, 칼륨, 황, 인 등은 자연발화할 뿐 아니라, 많은 양을 사용할 때에는 폭발 위험성이 있다. 나트륨, 칼륨은 지방족 할로겐화합물(예로서, 클로로포름, 사염화탄소)과 맹렬히 반응하여 폭발하므로 주의해야 한다. 그러므로 이런 할로겐화합물의 건조제로 나트륨이나 칼륨을 사용하면 안 된다. 금속나트륨 및 칼륨은 공기 중에서 산화되고, 물과 격렬하게 반응하므로 석유 속에 넣어 보존한다. 사용할 때는 핀셋으로 집고, 티슈로 석유를 닦아낸 맨손으로 만지면 화상을 입으므로 주의한다. 또 물기가 있는 젖은 핀셋이나 칼을 사용해서는 안 된다.

물과 반응시킬 때 큰 덩어리는 튀기 때문에 위험하다. 물위를 떠돌다가 그릇벽에 붙으면 그 반응열 때문에 그릇이 깨질 수 있다. 나트륨이 튀어서 눈에 들어가면 눈이 먼다. 나트륨의 상해는 수산화나트륨의 알칼리 상해가 겹쳐서 더욱 나쁘다. 눈이나 피부에 묻었을 때는 곧 물로 씻고, 의사의 치료를 받는다.

(12) 수은의 증기압은 상당히 낮지만, 약간의 증기라도 오랫동안 마시면 중독이 된다. 미립자의 수은일수록 증발하기 쉬우므로, 엎질렀을 때는 곧 남김없이 주워야 한

다. 스포이드를 써서 빨아 줍든지 잘 닦은 구리 조각으로 아말감화하여 흡착시키면 잘 주워진다.

(13) 알코올 램프에 알코올이 약간 남으면 알코올과 공기의 혼합 기체가 가득 차는 수가 있다. 이 때 불을 붙이면 폭발하므로, 항상 40~80% 정도는 채워 둔다. 그리고, 성냥이 없어서 다른 시험대로 가져가 기울여 불을 붙이려다가 심지꼭지가 떨어지고 알코올이 쏟아져서 화재가 발생한다. 그러므로 절대 알코올 램프를 이동시키면 안 된다.

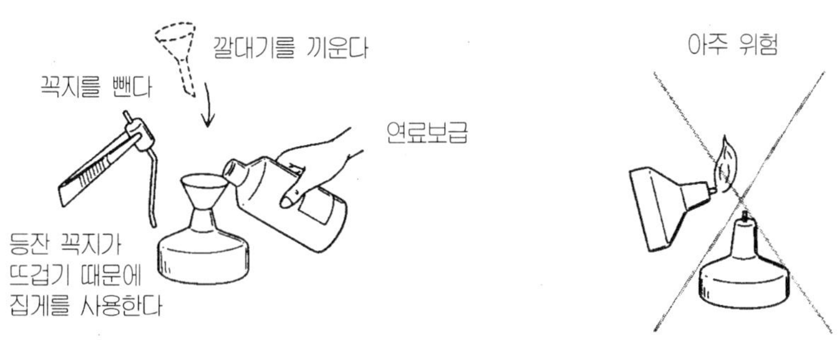

그림 3.2　　알코올 램프 연료보급 및 불붙이기

(14) 에테르 증기는 공기보다 무거워서 책상이나 마루 바닥으로 이동하므로 먼 곳까지 인화, 폭발되는 경우가 많으므로 4m 이내에는 불꽃을 두지 않는다. 불붙기 쉬운 다른 휘발성 용매도 불 가까이 놓으면 안된다. 소매 끝에 묻었던 에테르에 불이 인화되거나 담뱃불에 인화, 폭발되는 경우가 많다.

(15) 황린은 30°C이면 발화하므로 물 속에 저장하며, 꺼낼 때는 물 속에서 부순다. 피부조직에 흡수되면 유독하므로 고무 장갑을 낀다. 인의 화상은 치료하기 어렵다. 황린이 묻었을 때는 물로 잘 씻고, 다음에 탄산수소나트륨액에 담갔다가 다시 물로 씻고 고약 같은 것을 바르고 의사의 치료를 받는다. 황린의 증기를 흡입하면 목의 점막이 상하게 되므로, 물에 마스크를 하고 황린을 처리하는 것이 좋다. 오산화인 등을 흡습제로 사용하는 경우도 피부에 닿지 않도록 한다.

(16) 암모니아, 암모니아수, 염산, 질산, 황산, 과망간산 칼륨, 수산화칼륨, 수산화나트륨, 수산화베륨, 아세토알데히드, 포름산, 포름알데히드, 무수후탈산 등은 부식성이 있으므로 주의한다.

4. 응급 처치

　실험실에서 화재, 폭발, 부상 사고가 발생하면 담당 조교에게 알려서 즉시 응급조치를 하고, 지시에 따라 행동한다. 그러나 시간이 없을 경우가 많으므로 다음과 같은 점을 숙지하여 신속히 행동한다.

(1) 시약화재

　에테르, 석유에테르, 알코올, 벤젠 등 인화성 물질이 든 용기가 인화되면 부근의 인화성 약품을 멀리 옮기고, 전기와 가스를 끄고, 물에 젖은 수건이나 천으로 차단하여 불을 끊다. 그렇게 해도 불을 끌 수가 없을 때는 소화기나 소화용 모래를 사용한다. 알코올이나 아세톤과 같이 물과 잘 섞이는 용매에 불이 붙었을 경우는 물로 소화작업을 해도 좋지만, 가급적 이산화탄소 소화기를 사용한다. 다른 시약은 물을 끼얹어서는 안 된다. 불이 완전히 꺼지면 창문을 열어 환기시킨다.

　사염화탄소 소화제는 다량 필요하고 독가스인 포스겐($COCl_2$)을 발생하기 때문에 사용 후 즉시 환기시켜야 하므로 사용하지 않는 것이 좋다. 불가피할 때는 불꽃 밑부분에 적셔 끼얹어서 소화한다. 소화탄을 사용할 수도 있다.

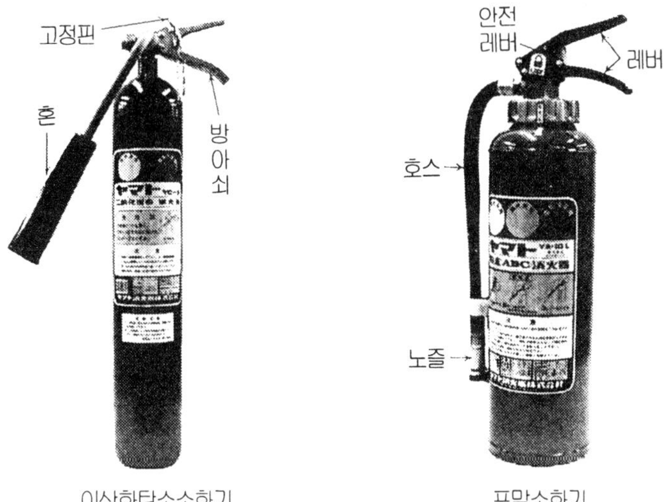

그림 4.1　　소화기

(2) 의복화재

의복에 불이 붙었을 때에는 당황하지 말고 침착하게 불을 끈다. 옷에 불이 붙었다고 이리 뛰고 저리 뛰면 부채질이 되므로 담요나 실험복을 덮어 끄든지, 샤워나 이산화탄소 소화기를 사용한다.

(3) 전열기 화재

전열기를 통해 인화된 경우, 불을 끈다고 물을 사용하면 감전사하므로 절대로 물을 뿌리지 말고, 두꺼비집이나 브레이커(braker, 차단기)를 내린 다음 물을 사용한다. 다른 요인에 의한 화재 시에도 일단 전원을 차단한 다음 소화해야 감전사고를 방지할 수 있다.

(4) 폭 발

폭발이 일어나면 모두 대피한 후 화재가 동반되었을 시는 방독면을 착용하고 소화해야 하지만 방독면을 갖춘 곳은 없을 것이다. 그러므로 통풍이 잘 되게 하고 유독가스가 없는 것을 확인한 후 조치한다. 그러나, 폭발로 시약이 인화되면 폭발은 걷잡을 수 없으므로 그런 경우는 대피한다.

(5) 화 상

화상을 입었을 경우, 작은 화상은 물을 묻히지 말고 아연화연고나 탄닌산용액(5%) 또는 피크린산 수용액을 바른다. 그리고, 바셀린, 올리브유, 글리세린 등을 바른 멸균 거즈를 붙여서 공기를 차단한다.
제1도 화상(붉게 부풀어오름) 및 제2도 화상(물집이 생김)은 쉽게 회복되나, 제3도 (중화상)는 즉시 의사의 치료를 받아야 한다.
중화상은 즉시 의사에게 데려가고, 기다리는 동안 환자를 따뜻하게 하고, 물을 마시게 하며 쇼크를 방지해야 한다. 화상을 입은 곳은 외기에 노출시키고 의복이 탄 곳은 절단해 낸다.

(6) 산에 의한 화상

진한 황산이나 진한 질산과 염소 등이 피부에 묻었을 때에는 즉시 다량의 물로 충분히 씻은 후에 중탄산수소나트륨으로 씻고, 물로 씻은 후 건조시킨 다음 아연화연고를 바른다. 탄닌산은 좋지 않다. 화상이 심하다고 의사가 검진하기 전에 기름이나 그리스를 바르면 안된다.

브롬이 피부에 묻었을 때는 글리세린을 많이 발라 문질러서 브롬과 반응시킨 후 닦아 내고 아연화연고를 바른다. 페놀에 의한 화상은 알코올로 씻고 화상이 심하지 않으면 붕대를 감아 둔다.

(7) 알칼리에 의한 화상

진한 알칼리가 피부에 묻으면 즉시 다량의 물로 씻고 묽은 아세트용액으로 씻은 다음, 다시 물로 잘 씻고 건조시킨 후 아연화연고를 바른다. 뜨겁고 진한 알칼리는 진한 산보다 더 쓰리고 아프며 회복도 느리기 때문에 주의한다. 화상이 심할 때는 의사가 검진하기 전에는 기름이나 그리스를 바르지 않는다.

(8) 눈에 약품이 들어간 경우

가장 신속히 손으로 물을 떠서 씻던가 고무관으로 수돗물을 흘려 충분히 씻은 후, 산은 아주 묽은 탄산수소나트륨용액으로, 알칼리는 묽은 붕산용액(2%)으로 씻는다. 안대를 대고 바로 의사의 치료를 받는다.

(9) 눈에 유리 조각이 들어갔을 경우

눈에 유리조각이 들어갔을 때는 손으로 문지르면 유리가 박히므로, 고무관을 통해서 수돗물로 씻어 내고, 제거되지 않으면 의사에게 치료받는다. 페니실린연고를 바른 후 붕대로 감는다.

(10) 시약을 마신 경우

시약을 마셨을 경우 손가락을 입안 깊숙이 넣어 토하고 의사의 검진을 받는다. 산이 입에만 들어갔을 때는 흐르는 물로 씻어낸 후 2% 탄산나트륨 용액으로 씻어낸다. 알칼리가 입에 들어갔을 경우 흐르는 물로 씻어낸 후 2% 붕산수로 중화시키고 물로 잘 씻어낸다.

(11) 유독가스를 마신 경우

CO, H_2S, Cl, 브롬가스, CS , HCN 또는 phosgene으로 중독되었을 경우, 심호흡하여 신선한 공기를 마시게 하고, 몸을 편안히 하고, 깊은숨을 되풀이하여 쉬도록 한다. 할로겐을 들이마셨을 때는 알코올로 적신 솜뭉치로부터의 증기를 흡입하면 기분이 좋아진다. 상당한 양의 증기를 들이 마셨을 때는 인공호흡과 산소 호흡이 필요하며, 지체 없이 의사를 불러야 한다.

(12) 상 처

깨진 유리로 상처를 입으면 핀셋으로 파편을 뽑은 다음 에탄올로 소독한 후 먼저 거름종이나 티슈를 꼭 대고 몇 분 동안 있어 피가 멎으면 페니실린 연고를 바르고 붕대를 감든가 밴드를 붙인다. 상처 주변을 가까운 곳을 눌러서 통증이 심하면 아직 유리 조각이 들어 있는 것이니, 핀셋으로 유리조각을 빼낸 후, 의사의 치료를 받는다.

5. 실험보고서 작성

실험시 조작, 현상의 변화, 결과를 바르게 기록한다. 이를 통해 실험을 분석하고, 검토하고, 작은 의문이라도 판단의 자료가 된다. 결과는 실험 지도서대로 얻어지지 않는 일도 있고, 시약의 순도나 농도의 차이, 시약의 첨가 방법에 따라 다를 수도 있다.

(1) 실험결과의 기록

실험노트에는 실험에 대한 ① 날짜, 시간, 온도, 날씨, ② 실험제목, 목적, 원리, 공동실험의 경우 공동실험자(조원) 명, ③ 사용기기, 시약, 용액 농도를 기록해야 한다.

① 선입관을 배제하고 물질의 변화를 객관적으로 관찰하여 기록한다.

② 실험 시간에는 실험 지도서를 지참하며, 화학 교과서를 참조하여야 할 때도 많으므로 화학 교과서도 함께 가져온다.

③ 보고서는 형식에 맞추어야 하며 올바른 용어를 사용한다. 화학 물질은 화학기호나 분자식으로 표시한다.

④ 실험 목적은 구체적으로 쓰고, 기구는 사용한 것을 쓰고, 장치 등은 그림을 그려 설명한다.

⑤ 조작은 자기가 실제로 한 내용을 구체적으로 기록하고, 실험의 요지는 되도록 간결하게 쓴다.

⑥ 기록 노트는 휴대하기에 편리한 것으로, 왼쪽 페이지는 실험의 경과, 재료, 시약 및 농도, 조작 방법, 측정자, 관찰 사항을 기입하고 오른쪽 페이지는 계산이나 데이터 정리에 사용한다.

⑦ 실험 데이터의 계산이나 정리는 가능한 한 빨리 한다. 시간이 지나면 조건을 잊어버릴 수 있기 때문이다. 잘못 기재하면 지저분하게 지우지 말고 정정기호를 붙여 수정한다.

⑧ 데이터를 종이 쪽지나 여과지 등에 기록하면 분실할 염려가 있으므로 반드시 실험 노트에 기록한다.

⑨ 측정 단위를 반드시 표기한다.

⑩ 관찰한 내용을 토대로 의문점이나 건의하고 싶은 사항을 간략하게 적어 둔다.

⑪ 보고서는 지도교수의 검토와 수정을 받아 자신의 미비점을 확인하고 깨끗이 보관한다.

⑫ 실험이 끝나면 작성된 보고서에 성명과 실험일자를 기입하여 실험실을 떠날 때 지도교수에게 제출한다.

⑬ 실험보고서를 지도교수가 돌려주면 순서대로 철하여 두었다가 실험 시험의 자료로 이용하도록 한다.

(2) 실험결과의 보고

① 실험자명, 학번

② 날짜, 시간, 기온, 날씨

③ 실험제목

④ 목적 : 구체적이면서도 간결 명확하게 쓴다.

⑤ 원리 : 목적하는 물질의 분석이나 성질을 조사하기 위한 분리조작과 측정 원리, 측정 장치의 작동원리 등을 소제목을 붙여서 정리한다. 책을 그대로 베껴서는 안되고 자신의 목소리로 쓴다. 다른 문헌에서 인용한 것은 번호로 참고문헌 표시를 해 주고, 마지막에 참고문헌을 제시해 준다.

⑥ 방법 : 화살표를 사용한 그림(프로토콜) 등으로 요점적으로 간단히 써서 실험서를 보지 않고도 실험할 수 있게 한다.

⑦ 결과 : 측정 결과나 분석결과를 그림, 그래프, 표 등으로 정리한다. 관찰 결과는 색연필 등을 사용하여 실제 색을 재현하는 것이 좋다.

⑧ 고찰 : 조작, 관찰, 생성물의 확인, 반응기구, 주반응 및 부반응 등과 [결과]와의 관계를 논의한다. 과학적 관점에서 자신의 생각으로 얻은 결과의 이론적 설명, 실험 중에 예기치 않은 변화나 현상이 보여진 부분, 실험을 실패할 경우 원인, 정량적인 실험의 경우 실험값과 이론값, 문헌값과의 비교·검토로 고찰을 전개해 나가야 한다. 실험 결과와 현상과 원인과의 관계를 논의할 때 자신의 주관만으로 서술하면 과학적 논의가 되지 않으므로 주의한다. 반드시 법칙이나 과거에 얻어져 있는 사실이나 결과를 바탕으로 실험에서 얻은 결과와 현상을 설명하려고 해야 한다. 그러므로 고찰에서는 본인이 어느 만큼 실험을 이해하고 관찰하고 판단력을 가지고 있는가를 상대에게 알

릴 수 있는 문장력과 결과법칙이나 사실에 바탕을 두어 설명할 수 있는 종합력이 필요하다.

⑨ 결론 : 먼저 처음의 목적이 달성되었는가 아닌가 실험 전체를 통하여 알아낸 것은 무엇인가, 정리한다.

⑩ 참고문헌 : 레포트 중에 인용한 문장, 수치(문헌값)에 대해서는 인용 부분 (또는 수치) 오른쪽 위에 문헌번호를 쓰고 레포트 마지막에 참고문헌을 모아서 쓴다.

책 : 문헌번호, 저자 (편자), 서명, 페이지, 발행연도, 출판사의 순으로 쓴다.
논문 : 문헌번호, 저자, 게재 잡지명, 권수, 페이지, 발행연도 순으로 쓴다.

6. 유효숫자 및 오차

(1) 유효숫자

화학 실험의 데이터는 측정법의 특성, 정밀도 등에 따라서 유효 숫자의 자리수가 정해진다. 0.01㎖까지 읽을 수 있는 뷰렛의 숫자는 네 자리(예, 18.12㎖)이고, 화학 천칭에 의한 중량 측정에는 g 단위로 소수점 네 자리까지 유효 숫자이다. 산술 평균으로 나누어지지 않는 경우는 유효 숫자의 한 자리 아래까지 산출하고 최후의 자리를 사사오입한다. 예를 들면 적정값(㎖) 15.11, 15.12, 15.14의 평균은 15.12로 한다.

길이를 측정하는데 0.1㎝까지 측정되는 자로 잰 길이를 21,406㎝라고 쓰면 안 되고 21.4㎝로 써야 한다.

길이를 측정할 때 1m까지는 대자를 쓰고 나머지는 0.001㎜까지 정밀한 기기를 이용해서 측정값의 합을 구한다고 하면, 98,735㎝가 아니고 98.7m가 된다.

0.01g까지 읽을 수 있는 저울로 무게를 정확히 10g 달았다면 10g으로 표시하면 틀리고 10.00g으로 나타내야 한다.

액체 시료의 밀도 결정시 눈금 실린더로 0.1㎖까지 재어 10.0㎖라고 하면 무게를 분석용 저울로 10.2365g이라고 잴 필요가 없다. 어림 저울로 10.2(4)g이라는 값만 얻으면 된다. 계산 과정에서 0.0065g은 필요 없는 숫자가 되기 때문이다.

이같이 유효숫자를 고려하여 정량방법과 용기를 택해야 한다.

(2) 오 차

실험에서 오차는 필연적이다. 그러나, 오차를 줄일 수는 있다. 오차는 부주의, 관찰(무게, 부피 등)·기록시의 부주의, 물질을 취급할 때의 부주의로 인하여 일어나는 부정확성과는 다르다. 부정확성은 주의와, 숙달로 피할 수 있다. 그러나 더 정밀한 장치나, 방법을 완전히 바꾸지 않는 한 없앨 수 없는 오차가 존재한다. 그러므로 실험시 이와 같은 오차를 고려해야 한다.

예로서, 천칭의 저울대 길이가 다르거나, 분동이 부정확하거나, 물위에서 잡은 기체의 용해도가 매우 커서 그 부피가 상당히 감소하거나, 공기의 농도가 매우 높아서 무게를 달고 있는 동안에 그 물체가 상당한 양의 물을 흡수하거나, 시약이 매우 불순하면 부정확한 결과로 나타난다. 이런 일들은 실험오차의 근원이다.

오차는 측정 결과와 참값의 불일치 정도이다.

$$\text{오차 \%} = \frac{\text{참값과 측정값의 차이}}{\text{참 값}} \times 100$$

같은 것을 달거나 잴 때, 또는 같은 실험을 반복할 때 오차가 3% 이상 나면 문제가 있는 것이므로 일관된 값이 나올 때까지 숙련해야 한다.

(3) 데이터의 신빙성

데이터를 기록할 때 각 측정값의 정확성을 기록하여 다른 사람들이 데이터와 그 결과를 믿을 수 있도록 하여야 한다. 실험 데이터는 정확하고 정밀하여야 한다.

측정의 정확도는 그 측정 결과와 참값의 일치 정도이다. 정밀도는 측정 결과를 같은 방법으로 구한 다른 값과 비교한 것이다. 참값이 알려져 있지 않은 것은 정밀도 밖에 말할 수 없다.

정확성은 측정값이 참값에 가까운 것을 의미하여, 정밀성은 여러 번 측정한 값이 평균값에 가까운 것을 의미한다. 정밀도를 높이기 위하여 측정 기구는 아주 작은 범위 내에서 정밀하게 측정할 수 있도록 설계된다. 판독성이 0.001g인 분석용 저울은 ± 0.0005g까지 읽을 수 있다는 것을 의미한다. 5.142g으로 읽은 물질의 질량은 5.1415g과 5.1425g 사이에 있는 것을 의미하며 측정값은 5.142 ± 0.0005g이다.

그래서 이 저울은 정밀할 뿐 정확한 것은 아니다. 정확하게 하려면 저울을 보정하여 읽은 값이 참값이 되도록 조정하여야 한다.

측정값의 정밀도를 모르는 경우, 정밀도를 판단하려면 같은 양을 여러 번 측정하여 평균값을 구하고, 측정값과 평균값을 비교한다.

7. 시 약

(1) 시약병 표지 읽기

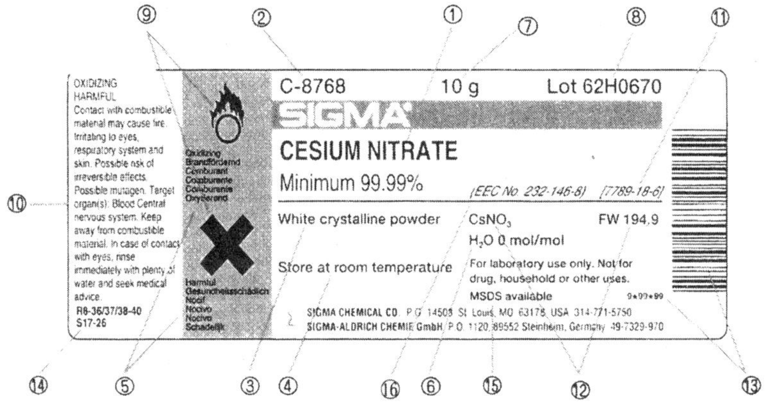

그림 7.1   시약병 표기

① 제품명

② 제품번호

③ 제품해설

④ 취급 및 보존시의 주의

⑤ 위험성

⑥ 로트분석, 활성, 순도, 수화도의 고유 데이터

⑦ 내용량 : 칭량하였다(pre-weighed)고 표기한 것이 아니면 표시된 양보다 많이 들어 있다. 포장한 상태에서의 중량을 나타낸 것도 있다.

⑧ 로트번호

⑨ 위험에 관한 그림문자

⑩ 위험성, 취급시의 주의 및 긴급조처법

⑪ CAS 번호 : Chemical abstract의 번호로, 물질의 특징에 따라 분류되어 있다.

⑫ 분자식 및 분자량

⑬ 바코드 및 읽어들이기 기호

⑭ 안정성 번호

⑮ MSDS 완비

⑯ EES 번호 : EES(exciting commercial chemical substance) 등록번호. 이것이 없는 것
은 "caution substance not yet fully tested"의 경고 표시이다.

그림 7.2   시약병의 위험 표기

* 이외에도 마약 및 향정신약원료 표기. 소방법에 따른 위험물 표기. 노동안정 위생상의 중독 여부
표기. 발암성. 변이원성. 강독성. 폭발성. 최류성 물질의 표기가 있다.

(2) 시약의 등급

시약(reagent or chemicals)은 100% 짜리는 드물다. 어느 것이나 수분 등 불순물을 약
간은 함유하고 있다. 불순물은 실험에 오차를 가져오거나 그르치게 할 수 있다. 그러
므로 고순도의 시약을 사용해야 하지만 목적에 따라서는 값비싼 고급 시약을 사용할
필요가 없을 경우도 있고, 순도가 낮은 시약을 증류, 승화, 재결정하여 정제하여 사용해
도 된다. 또 순도가 의심스러운 시약은 바탕시험(blank test)을 한 다음에 사용해야 한다.

영국이나 미국에서는 특급시약(analysed, guarantee or reagent grade chemicals), CP(chemical
pure)급 시약, 미약국방(USP, United States pharmacoeia)급 시약 등으로 나누고, 일본에서는
특급시약, 1급시약, 공업약품 등으로 나눈다. Merk사는 시약을 감색(특급), 흑색(일급) 및
적색(공업용급)의 리본으로 구분하기도 한다. 정밀실험은 특급시약이나 독일 Merk회사의
zür Analyse 제품을 사용한다. 미약국방(United States pharmacopoeia grade; USP)급은 생리적
으로 지장이 없는 수준의 불순물을 함유하고 있으나 CP급보다 질이 약간 낮다.

GR(guaranted reagent)   내규격 특급
EP(extra pure)   사내규격 일급

| CP(chemical pure) | 화학용 순수. 일급이하 |
| TG(technical grade) | 공업용 |

(3) 순 도

순도는 assay로 표기한다. 즉, [assay --- min. 98.0%]라고 하면 순도 98% 짜리를 의미한다. Assay 다음에 순도 분석 방법을 표기하여 준다. 예로서, [assay(GC)]는 가스크로마토그래피로 분석한 순도이고, assay(EA)는 전기영동으로 분석한 순도이다. 분석 방법은 다음과 같이 표기한다.

T	용량분석법
Wt	중량분석법
GC	가스크로마토그래피법
cGC	모세관 가스크로마토그래피법
HPLC	HPLC법
UV	자외선 흡광광도법
C.H.N	원소분석법
EA	전기영동법
PuA	순분분석(차수법)
TLC	박층크로마토그래피
Opt	광학순도 HPLC
exN	질소함량법

불순물은 assay와 별도로 줄을 긋고 [impurity]로 표기하는 것이 많다. 최대 얼마 함유되었다는 [maximum impurity]를 제목으로 사용한 다음 항목별로 표기하는 경우도 많다. 각 항목별 불순물의 양은 최소(minimum, min.), 최대 (maximum, max.) 등으로 표기한다.

예

```
Assay (GC) ---------------    min. 99.0v/v%
---------- Maximum impurities  -----------
water---------------------    max. 0.2%
non-valotile matter ---------    max. 0.002%
```

함량 표시에는 %, ppm, max.(maximum), min.(minimum)을 사용한다. To pass test는 시험에 합격하였다는 의미이다.

(4) 시약의 물성을 나타내는 표기 및 약자

비점	bp	boiling point
비점범위	br	boiling range
융점	mp	melting point
분해 융점	mp(dec.)	
비중	Sp.Gr.	specific gravity
동결점		freezing point
용해도	sol.	solubility
혼합성		miscibility
건조손실율		drying loss
분자량	M. W.	molecular weight
파장	λ	
밀도	ρ	
약	abt. about	
기준	acc. to	according to
대략	approx	approximately
결정	cryst.	crystalline
최대	max.	maximum
최소	min.	minimum
용액	soln.	solution
수소이온농도	pH	

(5) 시판 시약의 농도

시판 산과 염기는 100% 짜리가 아닌 것이 많다(표 7.1). 그러므로 시약의 함량을 항상 확인한 다음 사용해야 한다.

표 7.1 시판 시약의 농도

시　약	농 도 %	비 중	규정농도
황　　　산	95	1.84	약 36
염　　　산	35	1.152	약 11.3
질　　　산	64	1.40	약 16
아 세 트 산	99~100	1.049	약 17
인　　　산	85	1.834	약 47.2
암모니아수	25	0.91	약 13.4

8. 시약 다루기

(1) 시약병에서 시약을 꺼내기 전에 시약병을 두번 세번 재확인한다.

(2) 한 시약에 사용한 피펫, 점적기, 약수저를 다른 시약병에 사용하면 안 된다.

(3) 수저 등이 다른 시약이 들어있는 시험관이나 비커 벽에 닿아 다른 시약이 묻으면 안 된다.

(4) 시약에 직접 피펫이나 스포이드를 넣으면 오염되므로 액체 시약병에 피펫과 스포이드를 직접 사용하지 않는다. 시약을 다른 용액에 가할 때 피펫이나 스포이드가 그 용액에 닿아서는 안된다.

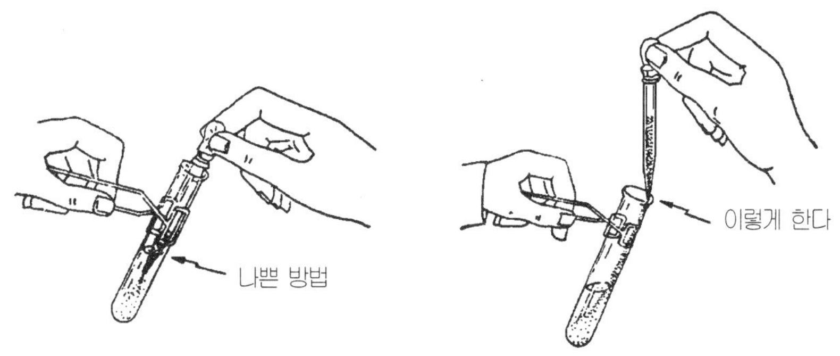

그림 8.1   스포이드 사용법

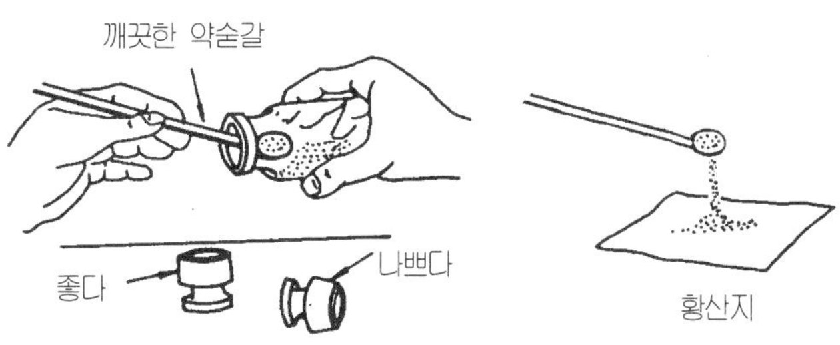

그림 8.2   시약 떠내기

(5) 시약병 마개를 내려놓으면 마개에 불순물이 묻어서 마개를 닫을 때 시약을 오염시키고, 수분을 흡습할 수 있기 때문에 마개는 손가락 사이에 끼웠다가 퍼 낸 다음 신속하게 잠근다. 부득이 내려놓아야 할 경우는 뚜껑 겉이 바닥에 닿도록 한다. 그리고, 한꺼번에 시약병 두 개를 열지 않는다. 뚜껑이 서로 바뀔 수 있기 때문이다.

(6) 조제 시약에는 시약명, 농도, 조제일자, 용도, 조제자명을 쓴 라벨을 붙인다.

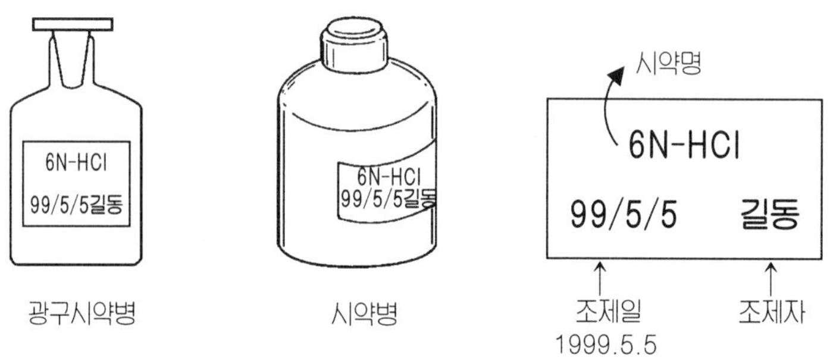

그림 8.3　시약 조제병의 라벨

(7) 대부분의 시약은 독성이 있으므로 직접 피부에 닿거나 흡입해서는 안 되고, 시약이 서로 섞이지 않도록 한다.

(8) 시약병을 실험대 위에 놓아두면 불순물이 묻을 염려도 있고, 건드려서 엎어지거나 떨어져 깨질 수 있고, 시약병 마개를 따 놓았을 때 다른 시약병 마개와 바뀔 수 있고, 라벨을 더럽힐 수 있기 때문에 바로 제자리로 갖다 놓는다.

(9) 시약병에서 꺼낸 시약을 다시 시약병에 넣으면 안 된다. 잘못하여 다른 약병에 넣을 수도 있고 흡습성이 있는 것이 대부분이기 때문이다. 그러므로, 필요 이상 떠 내지 않고, 시약을 떠내거나 비커 등에 붓고 바로 마개를 먼저 막은 다음 사용한다.

(10) 시약병을 실험실 내에서 들고 다니면 안 되고 시약병이 비치된 실험대에 가서 꺼내 쓴다.

(11) 수산화나트륨이나 수산화칼륨과 같이 조해성(수분 흡수성)이 크고 이산화탄소를 잘 흡수하는 물질은 가능한 한 빨리 칭량한다. 2g의 NaOH가 공기 중에서 5분 경과하면 0.01g의 습기를 빨아들인다.

(12) 일광에 변질되기 쉬운 시약은 갈색병에 넣어 보존한다. 또 알칼리성 용액은 고무 마개를 사용하거나 폴리에틸렌 시약병에 저장한다. 유리 마개는 알칼리 용액에 녹아 붙어서 잘 빠지지 않기 때문에 사용하지 않는 것이 좋다. 흡습하기 쉬운 시약은 데시케이터 속에서 보존한다. 열에 약한 시약은 냉장고, 또는 냉동고에 보존한다.

(13) 진한 아세트산은 녹는점(m.p = 16.6°C)이 낮아 겨울에는 얼기 때문에 빙아세트산이라고 한다. 페놀도 겨울에는 언다. 이런 것들을 녹이려면 따뜻한 물에 담가두어도 되지만 라벨이 떨어지므로 35°C 정도 되는 항온기에 넣어서 녹인다.

(14) 액체 조제시약은 입구가 작은 병에 넣어 둔다. 시험관에 따를 때는 그림처럼 왼손에 시험관을 잡고, 오른손으로 시약병 라벨이 손바닥 위로 가도록 잡고 가운데 손가락 이하 부분으로 마개를 열어 잡고 시험관을 약간 기울여 시험관 안쪽 벽을 타고 병의 용액이 조금씩 흘러 들어가게 한다. 시험관에는 1/3 정도 이상 넣지 않는다. 그 이상의 액체를 사용하려면 플라스크나 비커를 사용한다. 진한 황산을 일정량 취할 때는 건조한 플라스크나 비커를 사용한다.

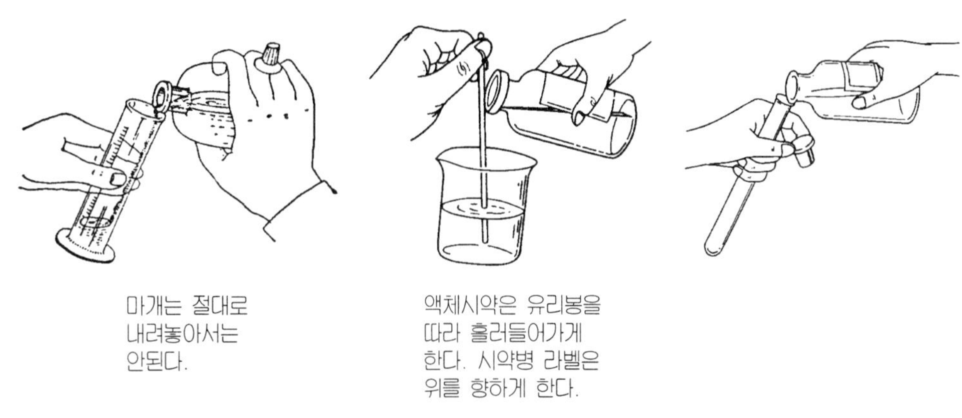

그림 8.4 시약병 따르기

9. 시약의 농도 계산

(1) 백분율

백분율은 퍼센트 농도로, 여기에는 다음과 같은 여러 가지가 있다.

1 중량 퍼센트

100g 중에 함유된 용질의 질량을 g수로 나타낸다. 용매에 고체 성분이 녹아 있는 경우에 이용되며 소금물 농도, 설탕물 농도에 이용된다.

$$\%(\mathrm{W/W}) = \frac{\text{용질의 무게}}{\text{용액의 무게}} \times 100$$

2 부피 퍼센트

100mℓ 중에 함유된 용질의 부피를 나타낸다. 주로 용매에 액체성분이 녹아 있는 경우에 이용되며 식초 농도, 주류의 알코올농도 등에 이용된다.

$$\%(\mathrm{V/V}) = \frac{\text{용질의 부피}}{\text{용액의 부피}} \times 100$$

3 중량/부피 퍼센트

100mℓ 중에 함유된 용질의 무게를 나타낸다.

$$\%(\mathrm{W/V}) = \frac{\text{용질의 무게}}{\text{용액의 부피}} \times 100$$

4 부피/중량 퍼센트

100g 중에 함유된 용질의 부피를 나타낸다.

$$\%(\mathrm{V/W}) = \frac{\text{용질의 부피}}{\text{용액의 무게}} \times 100$$

5 밀리그램 퍼센트

임상분야에서 사용하는 단위로, 용질 100mℓ에 대한 용질의 mg이다.

$$mg\ \% = \frac{\text{용질 mg}}{\text{용액 mℓ}} \times 100$$

예제

황산의 10% 무게/무게%와 부피/부피% 용액의 몰수를 비교하여라.

(1) 무게/무게% 용액

황산(H_2SO_4) 분자량 = 98g, 황산 10% = 100g/1ℓ

∴ 몰수 = 100/98 = 1.02M

(2) 부피/부피% 용액

황산(H_2SO_4) 분자량 = 98g, 황산 비중 = 1.8,

황산무게 = 100mℓ X 1.8 = 180g/ℓ

∴ 몰수 = 180/98 = 1.84M

(2) ppm 및 ppb

용질 농도가 매우 낮을 때 사용하며, 위생과 환경에서 많이 사용한다. ppm은 part per million의 약자로 백만 분의 일 단위이다.

$$ppm = \frac{\text{용질 1mg}}{\text{용액 1ℓ}}$$

ppb는 part per billion의 약자로 10억 분의 일 단위이다.

$$ppb = \frac{\text{용질 1}\mu g}{\text{용액 1ℓ}}$$

표 9.1 퍼센트와 ppm, ppb의 관계

%	ppm	ppb
100	1000000	1000000000
10	100000	100000000
1	10000	10000000
0.1	1000	1000000
0.01	100	100000
0.001	10	10000
0.001	1	1000

(3) 몰농도

mole(mol)이라는 단위에서의 몰은 1g 원자, 1g 분자, 1g 이온을 말한다. 이것은 기체이든 액체이든 고체이든 해당 물질의 절대량을 나타내는 말로, 부피나 상태를 고려한 값은 아니다.

단위 : mole 또는 mol

의미 : 1mole = 1g 원자 = 원자 6.02×10^{23}개(아보가드로수)

　　　1mole = 1g 분자 = 분자 6.02×10^{23}개(아보가드로수)

몰농도(수용액)는 M이라는 단위를 사용하며 수용액 1ℓ에 함유된 1g 원자, 1g 분자, 1g 이온을 의미한다.

$$\text{용액 중의 몰농도(M)} = \frac{\text{용질의 몰수}}{\text{용액의 리터수}}$$

단위 : M

의미 : 용　질 1M=1g 원자$/\ell$ 수용액

　　　　=원자 6.02×10^{23}개(아보가드로수)$/\ell$ 수용액

예제

❶ 0.1M NaOH 100mℓ를 만들려 한다. 필요한 NaOH의 양은?

　　0.1(M) × 40 (NaOH 분자량) × 0.1(ℓ) = 0.4g

❷ 0.25M H_2SO_4 용액 100mℓ에 함유된 H_2SO_4의 양은?

　　0.25(M) × 98 (H_2SO_4 분자량) × 0.1(ℓ) = 2.45g

❸ 물 100ml에 KOH 10g이 녹아 있다. 이용액의 KOH M은?

　　KOH 분자량 = 56g = 1M$/\ell$

$$\therefore \ \frac{10g}{56g}\,(M) \times \frac{1\ell}{0.1\ell} = 1.79M$$

(4) 규정농도(노르말 농도)

어떤 원소가 수소 1.008g(11.2 ℓ) 또는 산소 8g(5.6 ℓ)과 결합 또는 치환할 수 있는 원소의 양을 당량(equivalent weight)이라 한다. 그램당량 (gram equivalent)은 당량에 그램을 붙인 양이다.

산의 1g 당량은 수소이온(H^+) 1몰을 내는 물질의 양이다.

$$산의\ 1g\ 당량 = \frac{분자량\ g}{산의\ H수}$$

염기의 1g 당량은 수산이온(OH^-) 1몰을 내는 물질 양이다.

$$염기의\ 1g\ 당량 = \frac{분자량\ g}{염기의\ OH수}$$

규정농도(normality, N)는 노르말 농도라고도 하며 용액 1ℓ에 녹아 있는 용질의 그램 당량이다.

$$N\ 농도 = \frac{용질의\ g\ 당량수}{용액의\ 부피\ (\ell)}$$

예

$$HCl의\ 당량 = \frac{36.45}{1(H)} = 36.45g\ 당량$$

$$H_2SO_4의\ 당량 = \frac{98.08}{2(H)} = 49.04g\ 당량$$

$$Ca(OH)_2의\ 당량 = \frac{74.12}{2(OH)} = 37.05g\ 당량$$

예제 황산 1M 용액 및 1N 용액 100mℓ를 만드는 데 필요한 황산은 몇 g씩인가?

(1) 몰 : H_2SO 1M = 98g, 0.1ℓ

$$\therefore \quad 98 \times 0.1(1) = 9.8g$$

(2) 노르말 : H_2SO_4 1N = $\dfrac{98g}{2(H)}$ = 49g×0.1 = 4.9g

표 9.2 산과 염기의 당량

산과 염기	분자량	당량	몰농도와 노르말농도의 관계
HCl	36.5	36.5	1M = 1N
H_2SO_4	98	98/2 = 49	1M = 2N
H_3PO_4	98	98/3 = 32.6	1M = 3N
NaOH	40	40	1M = 1N
$Ca(OH)_2$	74	74/2	1M = 2N

10. 시약 조제법

(1) 고체시약 용액 조제법

용액 시약의 몰농도, 노르말농도 및 기타 농도는 물 1ℓ에 녹아 있는 양이다. 그러므로 항상 1ℓ를 기준으로 계산한다. 어느 시약이든지 반드시 다음 식으로 계산하여 조제한다.

시약양 = 농도 (M 또는 N)×순도(assay)×분자량(molecular weight)×조제양(l)

    = 저울에 달 양(g)

예

0.1M NaOH 0.1ℓ 용액을 조제하여라. 필요한 수산화나트륨의 양은? 단 순도는 98%, 분자량은 40이다.

$$0.1M(농도) \times \frac{100}{98} \ (순도) \times 40 \ (분자량) \times 0.1(용량. \ \ell \ )$$

$$= 0.408g/0.1\ell = 0.408g/100m\ell$$

이것은 1ℓ를 기준으로 하면 5g을 가해야 되는 양이다.

(2) 액체시약 용액 조제법

고체시약과 동일하다. 단, 피펫으로 정량하는 경우는 밀도를 추가하여 환산한다. 액체시약은 천칭으로 재지 않고 대부분 피펫으로 정량하기 때문이다. 천칭으로 달 때는 고체시약 조제법과 동일하게 계산한다. 액체 시약은 반드시 다음 식으로 계산하여 가한다.

시약양 = 농도 (M 또는 N)×순도(assay)×분자량(molecular weight)

        ×조제양(ℓ)×밀도(specific gravity)

    = 피펫으로 뽑을 양($m\ell$)

예

0.1M H_2SO_4 0.1ℓ 용액을 조제하여라. 필요한 황산의 양은? 단 순도는 98%, 분자량은 98, 밀도는 1.8이다.

$$0.1M(\text{농도}) \times \frac{100}{98}\ (\text{순도}) \times 98\ (\text{분자량}) \times 0.1\ (\text{용량}, \ \ell)$$

$$\times \frac{1}{1.8}\ (\text{밀도, 온도환산})$$

$$= 0.56m\ell/0.1\ell = 0.56m\ell/100m\ell$$

이것은 1ℓ를 기준으로 하면 5.6$m\ell$를 가해야 하는 양이다.

예

0.1N H_2SO_4 0.1ℓ 용액을 조제하여라. 필요한 황산의 양은? 단 순도는 98%, 분자량은 98, 밀도는 1.8이다.

$$0.1N \times \frac{1}{2}\ (\text{농도}) \times \frac{100}{98}\ (\text{순도}) \times 98\ (\text{분자량}) \times 0.1\ (\text{용량})$$

$$\times \frac{1}{1.8}\ (\text{밀도, 온도환산})$$

$$= 0.28m\ell/0.1\ell = 0.28m\ell/100m\ell$$

이것은 1ℓ를 기준으로 하면 2.8$m\ell$를 가해야 하는 양이다.

---

(3) 용액 농도의 변경

a 규정(또는 %) 농도의 용액과 b 규정(또는 %) 농도의 용액을 섞어서 c 규정(또는 %) 농도의 용액을 만들 때, 혼합의 비율은 a 규정 용액 $Am\ell$(또는 Ag)와 b 규정 용액 $Bm\ell$(또는 Bg)로 하고 농도의 순서를 a > c > b > 0라 하면(물로 희석할 때는 b = 0라 하면 좋다.)

$$aA + bB = c(A+B)$$

의 식이 성립하므로, $\qquad aA + bB = cA + cB$

변형하여 $\qquad\qquad aA - cA = cB - bB$

로 되고, $\dfrac{A}{B} = \dfrac{c-b}{a-c}$ 로 표시한다.

윗 식에서 A와 B의 혼합비의 계산은 다음과 같은 퍼센트로 계산할 수 있다.

$$\frac{A'}{B'} = \frac{A}{B} = \text{A와 B의 혼합 비율}$$

a → (c-b) = A′
c
b → (a-c) = B′

예 ❶

6N HCl을 200mℓ 만들어라.
진한 염산은 12N이고, 물은 0N이므로,

12
6
o

(6-0) = 6
(12-6) = 6

$$\frac{6}{6} = \frac{1}{1} \qquad \text{진한염산 : 1} \atop \text{물 \quad : 1} \; \text{의 비율이다}$$

$$200\,\text{mℓ} \times \frac{1}{1+1} = 100\,\text{mℓ}$$

즉, 진한 염산 100mℓ와 물 100mℓ로 만든다.

예 ❷

6N CH_3COOH에서 2N CH_3COOH 12mℓ를 만들어라.
초산의 농도는 6N, 물은 0이므로,

6
2
o

(2-0) = 2
(6-2) = 4

$$\frac{2}{4} = \frac{1}{2} = 6N\ CH_3COOH\ 1\ :\ \text{물}\ 2$$

즉, 6N $CH_3COOH = 12\,\text{mℓ} \times \dfrac{1}{2+1} = 4\,\text{mℓ},\ \text{물} = 12\,\text{mℓ} - 4\,\text{mℓ} = 8\,\text{mℓ}$

11. 물

　실험실에서 사용하는 물은 수돗물(tap water), 증류수(distilled water), 순수(pure water)가 있으나 시약용액의 조제에 사용하는 물은 반드시 순수를 사용한다. 기구의 세정도 수돗물로 씻은 후 순수로 헹구며, 건조할 때도 순수로 헹군 후 건조한다. 물은 다른 물질을 많이 녹이므로 증류수 제조장치, 이온교환법에 의한 순수제조 장치로 순수를 만들어 사용한다. 증류수에는 증류기에서 녹아 들어가는 구리 같은 무기물, 휘발성 유기물이 미량 들어 있다.

　세척병은 무른 플라스틱으로 되어 있기 때문에 안에 증류수를 가하고 병을 누르면 물이 뿜어져 나온다. 비커, 플라스크 등의 유리용기는 세제를 솔에 묻혀 닦고 수돗물로 잘 가시고 마지막에 세척병으로 증류수를 가해 2~3회 헹군 후 건조한다. 수돗물에는 여러 가지 이온과 무기물이 함유되어 있어서 결과에 영향을 미치기 때문에 증류수로 가셔야 한다.

　증류수는 수돗물을 증류하여 만든 것이고, 이온교환수는 수돗물이나 증류수에 들어 있는 이온을 이온교환수지를 통하여 제거한 것이다. 초순수는 증류수를 이온교환수지와 한외여과막 등을 통하여 재차 삼차 정제한 것이다.

　정밀 실험에는 증류수를 이온교환수지를 통하여 녹아있는 미량의 염분을 제거한 탈이온수(deionized water)나, 증류수에 $KMnO_4$를 가해 유기물질을 산화시키고, 이것을 다시 재증류한 물을 사용한다. 즉, 처음에 염기성에서 과망간산염을 작용시켜 증류하고 다음에 약산성에서 재증류하여 암모니아를 제거한다. 증류기는 파이렉스 유리를 사용한다. 이렇게 하여 얻은 증류슈는 보관을 잘하여 먼지나 공기 중의 이산화탄소나 암모니아를 흡수하지 않아야 한다. 물을 공기 중에 방치하면 $1.5 \times 10^{-6} M$ 정도의 CO_2와 N_2, NH_3, O_2, NO, HCl, H_2S, SO_2 등이 흡수되어 pH가 약 5.7 정도로 내려간다. 다시 가열하여 CO_2를 제거하면 pH 6.7~6.8 정도가 된다.

　순수의 정제법은 표 11.1과 같다. 수돗물의 염소 농도가 높으면, 산화제로 작용하여 이온교환수지가 빨리 열화된다.

표 11.1 물의 정제법

정제법	함유 불순물
유리 증류기로 증류	CO_2, 기타 기체, 용기에서의 알칼리분
금속 증류기로 증류	CO_2, 기타 기체, 약간 용출한 금속이온
이온 교환법으로 정제	콜로이드 물질, 이온으로 해리하기 어려운 이온물질, 고분자 물질(이온교환수지의 자잘한 가루 등)
증류한 물을 다시 이온 교환법으로 정제	

12. 가열과 냉각

(1) 가 열

▮ 시험관

시험관에 액체를 넣고 가열할 때는 액체가 시험관 체적의 1/3 이상 되어서는 안된다. 많이 넣으면 흔들기도 불편하고, 액이 끓으면 시험관 밖으로 튀어나오기 때문이다.

시험관에 들어있는 물체를 약하게 가열할 때는 손에 들고 가열해도 좋으나 일반적으로 클램프로 입구 쪽을 고정시키거나 손에 잡고 불꽃이 시험관 바닥에서 골고루 퍼지게 하여 천천히 가열한다. 시험관의 위를 쥐면 나중에 흔들기 편리하다. 가열할 때에는 시험관을 약간 기울여 불꽃에 넣고, 불꽃 속에서 가볍게 흔들어 준다. 가만히 있으면 용액이 시험관 밑바닥에서 비등하여 튀어나오고, 기울여도 액이 튈 때가 있으므로 시험관 내부를 들여다보든지 냄새를 맡으면 안 된다.

가스버너로 가열할 때는 가스불이 너무 세지 않게 한다. 알코올 램프는 불꽃을 조절할 수 없으므로 강하게 가열할 때는 시험관을 불꽃의 윗부분에 넣어 시험관이 불꽃에 둘러싸이게 한다. 약하게 가열할 때는 시험관을 불꽃 끝에 둔다.

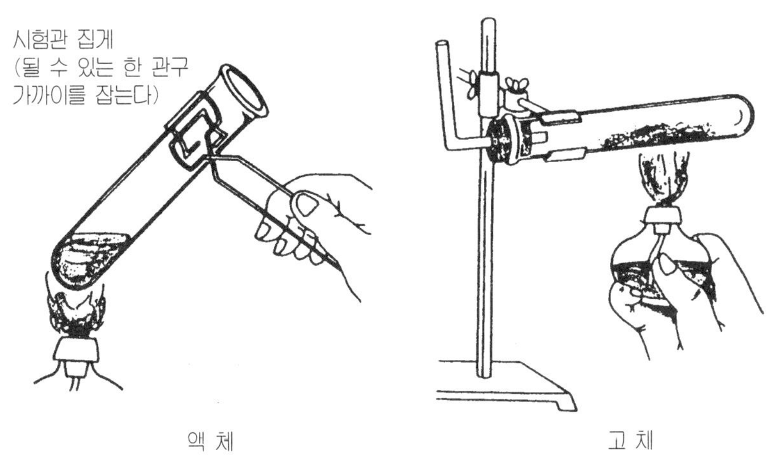

그림 12.1 시험관의 가열

그림 12.2　가열에 의한 유리 기구의 파손 (메스실린더)

시험관에 고체를 넣고 가열하면 시험관이 깨지는 수가 있다. 그러므로 처음엔 약한 불로 시험관 전체를 골고루 가열한 다음 나중에 한 곳만을 세게 가열한다. 고체를 가열할 때 응고되어 생긴 물방울이 시험관의 뜨거운 부분에 흘러내리면 시험관이 깨지는 경우가 많다. 이때는 시험관을 옆으로 기울여 입구를 조금 밑으로 한 다음 고체를 넓게 펴서 가열한다.

② 비커 및 플라스크

시험관, 비커 등은 가열해도 좋으나 두꺼운 유리로 만든 시약병이나 눈금 실린더 등은 가열하면 쉽게 깨어진다. 경질 유리로 만든 시험관이나 비커는 직접 불꽃으로 약하게 가열해도 좋으나 일반적으로 비커나 플라스크는 철망(wire gauze) 위에 얹은 후 철망을 통하여 가열하는 것이 안전하다. 가열할 때는 언제나 처음에는 약한 불꽃으로 넓은 부위를 천천히 데워준 후 용기가 더워지기 시작하면 가열하는 정도를 천천히 증가시켜 주는 것이 안전하다.

플라스크 안의 용액은 저어 주기 곤란하므로 도자기 쪼가리 같은 비등석을 몇 개 넣으면 생성되는 기포에 대류가 일어나서 골고루 섞이고, 갑자기 끓어 오르는 돌비(순간적으로 기포가 다량 발생하여 생기는 충격)를 막아 준다. 비등석이 없으면 돌비가 일어나 비커나 플라스크가 깨지기 쉽다. 그러나 비등석 넣기를 잊고 있다가 액이 끓기 시작한 다음에 넣으면 용액이 튀어나와 위험하므로 주의해야 한다. 반드시 용액을 식혀서 냉각시킨 다음 가해 주어야 한다.

직접 불꽃으로 가열하면 위험한 경우나 온도를 균일하게 유지할 필요가 있을 때는 수욕을 사용한다. 그러나 비커에 물을 넣어 사용해도 된다.

❸ 가열기

가. 전열기

전기곤로는 니크롬선이 드러나 있는 것과, 튜브 속에 들어 있는 것이 있다. 가열시는 석면붙은 철망을 올려놓는다. 가열 용액이 넘쳐서 니크롬선에 닿으면 쇼트되어 니크롬선이 끊어지고, 흘러 내려서 감전되므로 조심해야 한다. 그리고, 플러그를 완전히 꽂지 않고 끝만 살짝 꽂으면 전선에 열이 발생하여 타들어간다. 전동기의 경우도 끝만 살짝 꽂으면 모터가 타서 화재가 난다.

맨틀히터는 가열 주머니로서 용량에 따라 비커용과 플라스크용이 있다.

코드를 뽑을 때 플러그를 잡지 않고 전선을 잡아 뽑으면 전선이 쉽게 끊어지고, 쇼트되어 감전되고, 화재가 난다.

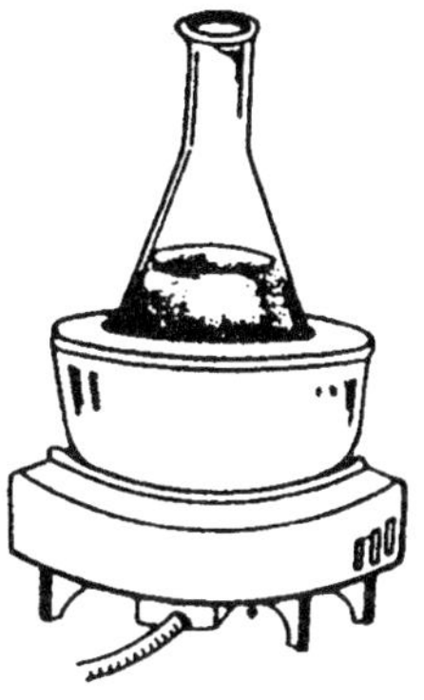

그림 12.3　　전열기

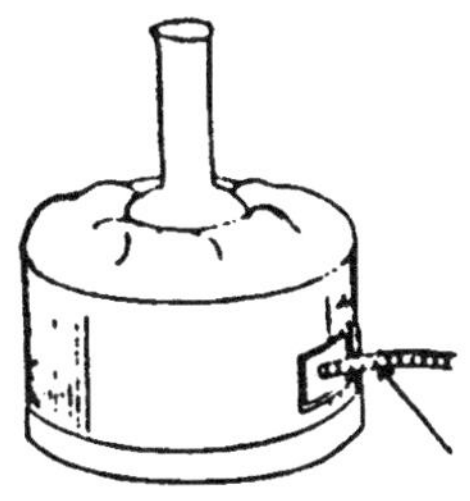

그림 12.4　　맨틀히터

나. 가스렌지

가스렌지에는 도시가스 렌지와 LPG가스 렌지가 있다. 원리는 같으나 노즐이 다르다. 실험실까지 가스배관이 되어 있으면 매우 편리하다. 가스가 샐 경우 위험하므로 가스 누설 자동 경보기를 설치한다. 가스렌지에 철망을 올려놓으면 받쳐 주는 것이 없어서 빠지므로 삼발이 석쇠를 먼저 놓고 그 위에 석면 철망을 올려놓고 시료를 올려놓는다.

다. 알코올 램프

연료로 공업용 에탄올이나 메탄올을 사용한다. 알코올 램프에 불을 붙일 때는 주변에 인화성 시약이 없는 것을 확인한 후에 성냥이나 라이터로 불을 붙인다. 불꽃이 작으면 뚜껑을 닫아서 불을 끈 다음 핀셋으로 심지를 뽑아 올리고, 다시 불을 붙인다. 연료가 떨어졌을 때는 연료를 넣고 불을 붙인다.

연료가 없는 경우는 그림 12.5와 같이 핀셋으로 등잔꼭지를 들어내고 깔때기를 꽂고 알코올을 부은 다음 뚜껑을 닫고 불을 붙인다.

알코올 램프를 기울여서 다른 램프의 불꽃으로 불을 붙이다가는 뚜껑이 떨어지고, 속의 연료가 쏟아져서 대화재가 발생하므로 절대 금물이다.

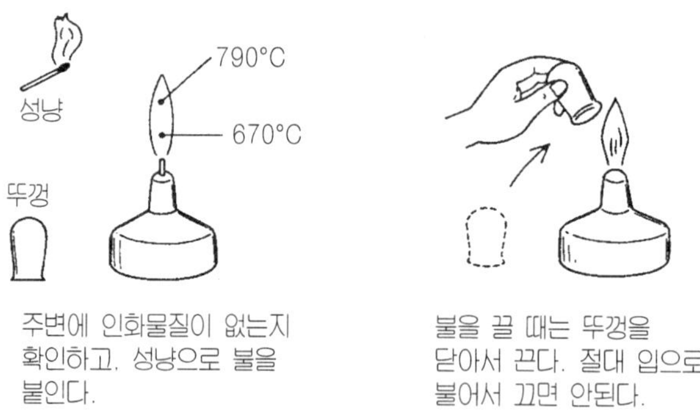

그림 12.5　알코올 램프

라. 분제버너

분제버너는 버너, 공기를 공급해주는 컴프레서 또는 풀무, 연료(도시가스 또는 LPG)로 구성된다. 버너에는 가스 공급 구멍과 공기 공급 구멍이 있으며 각 구멍의 나사를 돌려 조절하거나 본체의 하부에 있는 조절 장치를 왼쪽이나 오른쪽으로 돌려서 공기량과 가스량을 조절한다. LPG용과 도시가스용은 노즐이 다르다.

점화시는 가스 구멍만 우선 열고 불을 붙인 다음 공기구멍을 열어 불꽃을 조절한다. 파란색을 띠우는 불꽃의 온도가 가장 높으며, 공기 공급량에 따라 그림과 같이 여러 형태를 나타낸다.

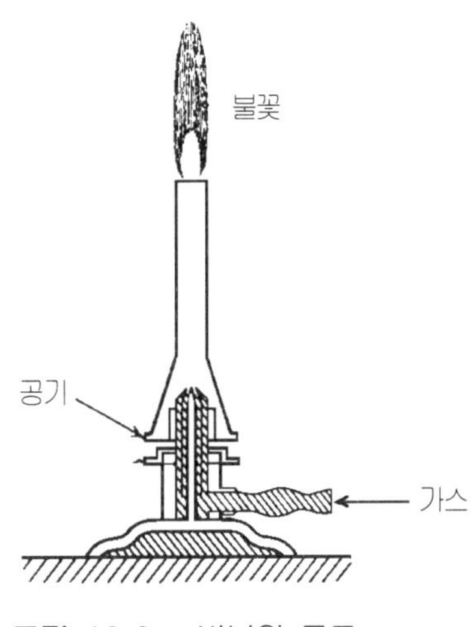

그림 12.6   버너의 구조

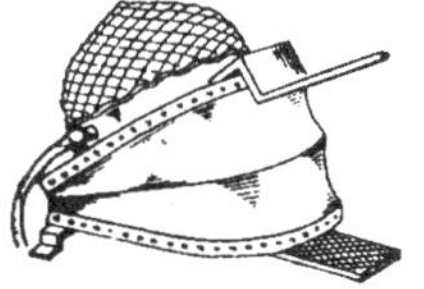

그림 12.7   발풀무

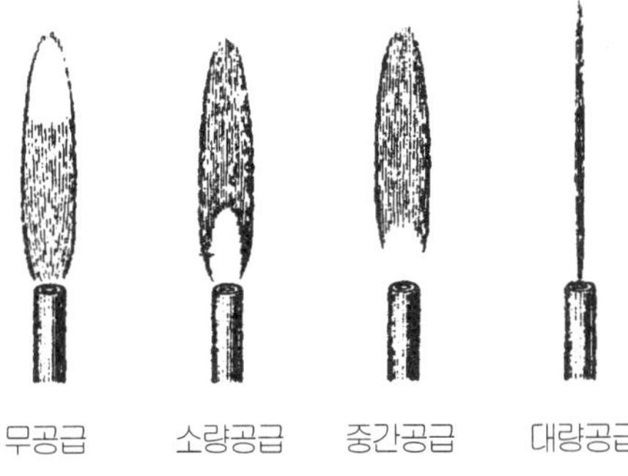

그림 12.8   공기량과 불꽃 모양

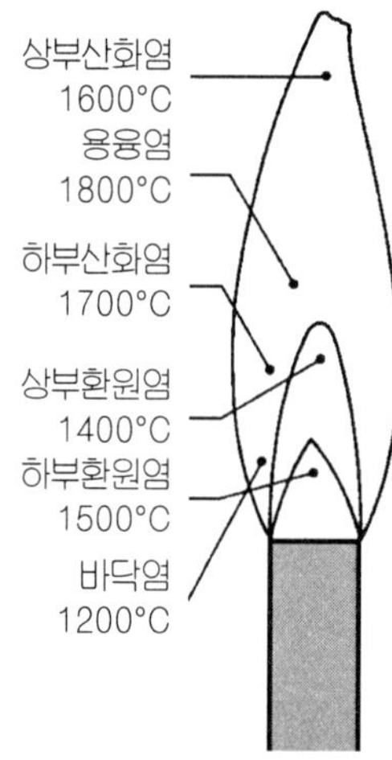

그림 12.9   불꽃의 위치와 온도

(2) 냉 각

일반적으로 냉각이라 하면 자연적으로 실온까지 차게 하는 것을 말한다. 그 밖에 사용되는 냉각 방법으로는 ① 냉수를 사용하는 방법, ② 수돗물로 냉각하는 방법, ③ 얼음 속에 넣어 냉각하는 방법이 있다.

13. 유리기구 다루기

(1) 눈금이 새겨진 유리기구(눈금 실린더, 뷰렛, 피펫 등)를 불꽃으로 가열해서는 안 된다.

(2) 유리관을 끊거나 유리관을 어떤 마개에 끼우고자 할 때는 유리관의 끝을 버너로 무디게 하고 손을 수건으로 싸서 보호하여야 한다.

(3) 파이렉스가 아닌 유리기구를 가열하였다가 갑자기 식히면 깨진다. 그러므로, 시약병, 데시케이터, 일반유리로 만든 유리기구를 가열하였다가 찬물로 식히거나, 얼은 것을 뜨거운 물에 넣지 않도록 한다. 그러므로 유리기구는 파이렉스제를 사용한다.

시험관일 때도 너무 세게 가열하면 깨지거나 액체가 튀어나오므로 적당히 가열해야 한다. 증발접시와 도가니는 빨갛게 달구어도 좋으나, 그렇다고 모든 기구를 너무 갑자기 가열시키지 말고, 처음에는 서서히 불꽃에 접근시키다.

(4) 유리기구는 신중히 다루어야 한다. 유리가 깨지면 상처를 입게 되고, 상처를 통해 독극물이 인체에 흡수된다. 실험실에서 상처를 입었을 경우는 즉시 조교나 교수에게 보고하여 응급조치를 받도록 한다.

(5) 유리관을 고무마개에 끼울 때에는 관이나 구멍에 물이나 글리세린을 바른 다음에 그림 17.8과 같이 수건으로 손을 보호하고 하도록 한다. 유리관이 잘 부러지지 않도록 두 손을 가깝게 잡고, 관에는 여러 번 물을 칠하면서, 천천히 비틀면서 끼워야 한다.

(6) 유리관을 고무마개나 고무관으로부터 빼고자 할 때에는 고무를 조금 떼어낸 후, 물이나 글리세린을 발라서 미끄럽게 하여 고무마개를 비틀면서 하여야 하며, 만약 접촉면이 너무 꼭 붙어있으면 너무 힘을 가하여 하지 말고 면도날로 고무를 자르도록 한다.

(7) 가열된 유리는 실험대 위에 놓지 말고 냉각될 때가지 석면판 위에 놓아야 한다.

(8) 가열된 유리는 식을 때까지 만지지 말아야 하며, 뜨거운 유리는 냉각된 유리와 잘 구별할 수 없기 때문에 집게를 사용하여야 한다.

(9) 유리기구를 사용하다보면 금이 가거나 깨어져서 실험을 망치게 되며 위험하게 된다. 따라서 망가진 실험기구는 즉시 치워야 하며 깨어진 유리기구는 폐지함에 넣지 말고 폐유리함에 넣어야 한다.

14. 유리기구 씻기

실험에 사용하는 모든 기구는 불순물이 없도록 깨끗이 씻어야 한다. 유색 물질은 눈으로 알 수 있지만 보이지 않는 물질은 붙어 있어도 알 수 없다. 그러므로, 겉으로 깨끗하게 보여도 한번 사용한 유리기구는 반드시 씻어 놓는다.

유리기구는 먼저 비누를 이용하여 깨끗이 세척하고 물로 여러 번 행군 후 물을 용매로 사용할 경우는 증류수로 세척하여 사용하며, 유기용매를 사용할 경우는 아세톤으로 여러 번 세척 후 건조시켜 사용하며, 건조기가 없을 경우는 사용할 용매로 소량씩 서너 번 세척 후 사용한다. 이때 건조 혹은 용질을 녹일 목적으로 가열하면 안 된다. 용량측정용 기구들은 가열하면 용량이 변하게 되기 때문이다.

메스실린더, 피펫, 뷰렛 등의 눈금이 있는 유리 기구는 솔이나 모래같이 딱딱한 물체로 씻으면 눈금이 지워지므로 안 되며, 건조할 때도 갑자기 온도변화를 주어서는 안 된다.

(1) 물로 씻기

산, 알칼리, 염류 등이 붙어 있는 것은 물로 여러 번 씻어낸 후 솔로 씻는다.

(2) 세제로 씻기

물 적신 솔에 세제, 클린매직 등을 묻히고 솔로 피스톤 작용과 돌리기로 씻는다. 뷰렛, 피펫, 메스플라스크 등의 측정 용기는 이 방법으로 씻으면 안 되고, 크롬산 세정액으로 씻어야 한다.

(3) 크롬산 혼합액(산화제)에 의한 세정

크롬산 혼합액은 크롬산 칼륨의 포화용액에 거의 같은 양의 진한 황산을 가해 만든다. 조제 방법은 $K_2Cr_2O_7$ 20g을 잘 부수고 물 50mℓ를 가하여 진한 황산 H_2SO_4를 조금씩 넣으면서 녹여 100mℓ로 만든다. 이 용액은 유기물을 산화분해하며, 산화력은 황산의 농도가 높을수록, 온도가 높을수록 증가한다. 오래 사용하면 등갈색에서 짙은 녹색

(chromic sulphate Cr^{+3}의 색)으로 변하며, 산화력에 의한 세척력이 떨어진다.

사용방법은 유리용기를 이 용액에 수 시간 담갔다가 꺼내어 물로 잘 씻는다. 여러 번 쓸 수 있으나 흡습성이 강하므로 마개를 해 둔다. 뷰렛, 피펫, 메스플라스크 등이나 솔 끝이 다다르지 않는 용기는 이 방법으로 세정하면 좋다. 산화력이 강하므로 산, 의복, 실험대 등에 묻지 않도록 한다.

(4) 유기용제에 의한 세정

씻기 어려운 유기물은 알코올, 석유 벤젠 등의 유기용제로 세정한다. 용제는 소량씩 사용하며, 사용한 용제는 용기에 넣어서 보존해 놓는다.

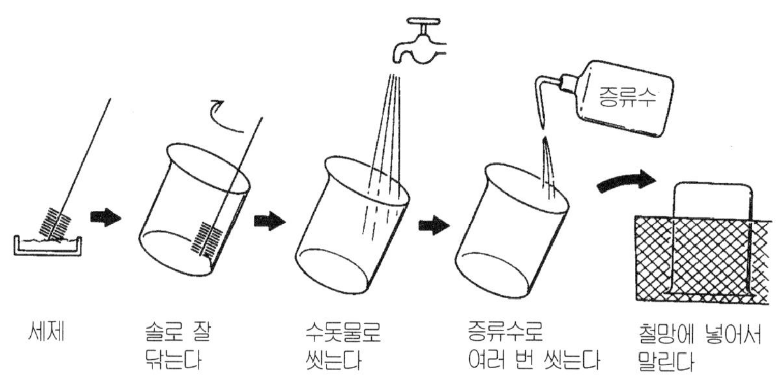

그림 14.1 유리기구의 세정과 건조

(5) 산에 의한 세정

알칼리성 물질은 떨어지기 어렵기 때문에 산으로 중화한 후 세정한다. 미량의 금속 산화물 등은 진한 염산, 진한 질산, 왕수 등으로 세정한다.

(6) 알칼리에 의한 세정

시험관에 묻은 황이나 요오드 등은 3~4%의 수산화나트륨액을 넣고 약간 가열하면 녹아 없어진다. 시험관에 묻은 탄산칼슘, 은, 알칼리 등은 먼저 수산화나트륨액으로 가열해 보고, 소용없으면 에테르를 붓고 잘 흔들어 녹여 낸 다음 알코올, 물로 씻는다.

(7) 환원제에 의한 세정

이산화망간 등이 붙어 있을 경우 황산 산성의 묽은 과산화수소, 수산, 아황산나트륨 등의 환원제를 사용하여 세정한다.

(8) 씻기 조작

시험관, 비커 등 눈금이 없는 유리기구들을 솔에 비누나 중성세제를 묻혀 닦고, 수돗물, 증류수 순으로 세척한다. 자기제 그릇, 칭량병, 시계접시, 피펫, 뷰렛, 메스실린더 등 눈금이 있는 유리기구는 중크롬산혼합액에 담가 부착된 불순물을 제거하고, 수돗물, 증류수의 순으로 세척한다.

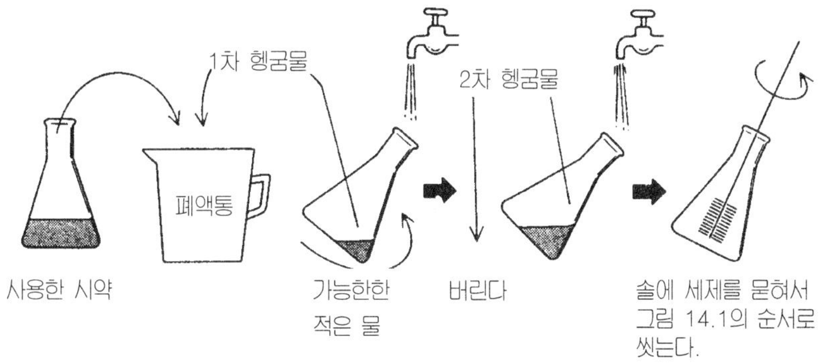

그림 14.2 폐기물 처리와 세척

표 14.1 유리기구 씻기

씻 는 과 정	유 의 사 항
① 안쪽을 씻는다 바깥쪽을 씻는다	솔에 비누나 중성세제를 묻혀서 바깥면을 잘 씻고, 다음에 안쪽을 잘 씻는다. 유기물로 더러워진 것은 중크롬산 혼합액에 넣어 10분 후에 물로 씻는다. 시험관 등을 씻을 때는 시험관의 길이에 맞게 솔을 잡고 사용하면 시험관 밑바닥을 깨는 일이 없다. 솔은 피스톤 작용만으로 씻으면 바닥이 잘 씻기지 않으므로 솔을 바닥에 대고 회전시켜서 씻는다.
② 수돗물로 헹군다	수돗물로 기구에 붙어 있는 비누 또는 세제를 씻어낸다.
③ 증류수로 헹군다	증류수로 바깥 면을 씻고, 안쪽을 5~6회 헹군다. 씻은 다음 물을 부었다가 따라 낸 후, 물이 기구와 그릇 벽에 균일하게 퍼져 있으면 깨끗한 것이다. 물방울이 남아 있는 곳은 기름기나 산, 알칼리가 남아 있는 것으로 판단할 수 있기 때문에 반복하여 씻어야 한다.

(9) 유리기구의 건조

■ 자연건조

건조는 가급적 안에 물이 남아 있지 않도록 제거한 다음 건조시켜야 하므로 공기가 잘 통하는 깨끗한 건조판이나 건조대에 거꾸로 세워 건조시킨다. 그러나 공기 중에 먼지가 있거나 더러운 곳에 세워 두어도 안 된다. 시험관은 시험관대에 거꾸로 세워 두고, 메스실린더와 같이 굵기가 가는 것은 큰못이 박힌 것에 걸어 놓든지 격자에 끼워 놓는다. 피펫은 피펫대에 거꾸로 세워 놓고, 뷰렛은 뷰렛대에 거꾸로 세워 놓는다.

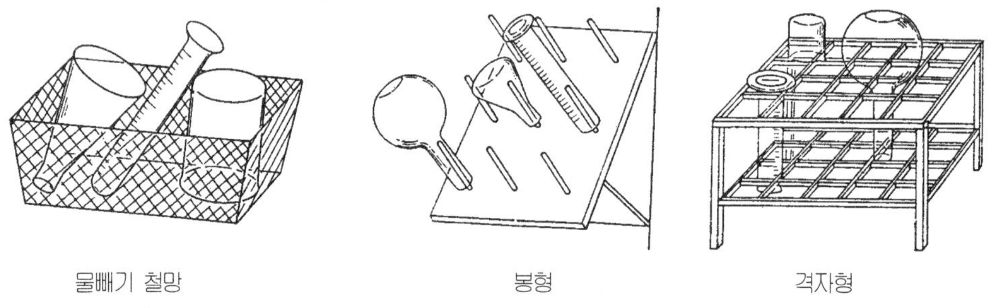

그림 14.3　유리기구 건조대

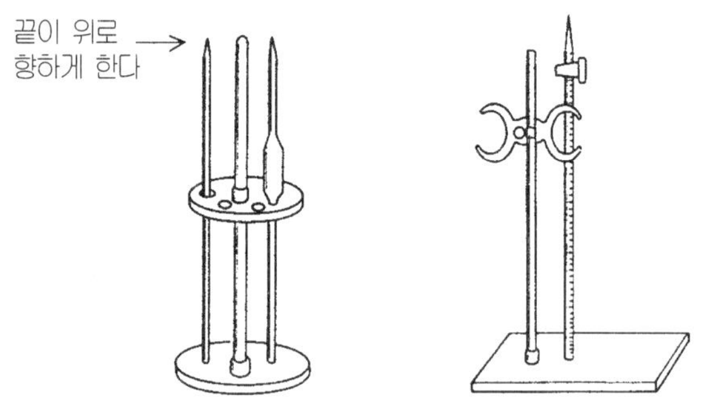

그림 14.4　피펫과 뷰렛의 건조

건조시 온도변화를 갑자기 주면 안 된다. 시약병을 말릴 때는 다른 병마개와 혼동하지 않도록 놓는 곳에 주의한다. 빈 병에는 종이 조각을 끼워 마개를 닫아 놓는다. 보통 시약은 투명한 병에, 광선으로 변화되는 시약은 갈색병에, 알칼리에는 고무마개를, 알코올이나 에테르에는 코르크 마개를 사용한다.

❷ 가열건조

　물기는 알코올로 씻고, 다음에 소량의 에테르로 씻으면 건조가 쉽다. 유리기구를 전열기나 버너로 가열하든지, 뜨거운 공기 속에 넣어 두면 빨리 건조된다. 건조기에는 공기 건조기, 증기 건조기, 전기 건조기 등이 있다.

　플라스크를 빨리 건조시키려면, 건조기에서 물기를 대충 말린 다음, 아스피레이터로 플라스크 속의 공기를 흡입하면서 밑을 가열한다. 수분이 증발한 후에도 그릇이 완전히 냉각될 때까지 아스피레이터로 공기를 흡입해 주는 것이 좋다. 잘 말라도 식을 때 온도 차이로 벽에 수증기나 이슬이 생기기 때문이다.

　피펫이나 메스플라스크 같은 정량 용기는 가열건조하지 않는다.

　시험관 등을 씻어서 거꾸로 세워 놓으면 하루면 건조된다.

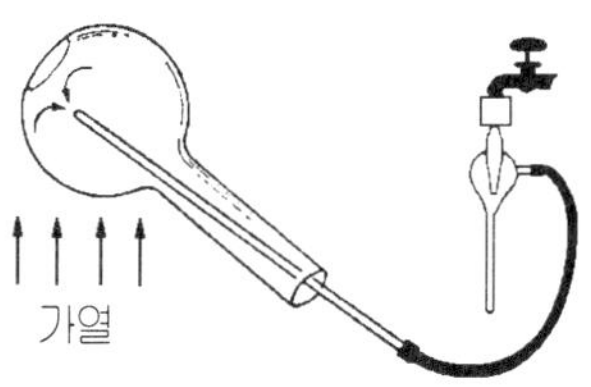

그림 14.5　유리기구 빨리 말리기

15. 화학저울

저울에는 접시저울(table balance), 화학저울(chemical balance), 미량 화학저울(micro chemical balance), 직시저울(direct balance) 등이 있다. 그 중 접시저울과 화학저울이 많이 사용된다.

2개의 접시를 갖고, 분동을 올려놓아 무게를 비교하여 재는 옛날 접시저울은 시간이 많이 걸리기 때문에 거의 사용하지 않고 있다. 근래에는 무게를 빨리 잴 수 있는 1개의 접시저울을 사용하고 있다. 그러나 이것도 황산지나 용기의 무게를 별도로 재어 빼야야 하기 때문에 황산지나 용기의 무게를 올려놓은 채로 0점을 잡을 수 있는 전자식 자동직시 저울로 대부분 대체되고 있다. 종이를 상하게 하는 약품이나 액체시약을 잴 때는 유리나 사기그릇을 사용하여야 한다.

분석용 저울은 시료를 0.1㎎, 즉 0.0001g까지 정확히 잴 수 있으며, 이보다 정확도가 떨어지는 것도, 높은 것도 있으며, 저울 사용법은 제조 회사의 종류에 따라 약간씩 다르다.

(1) 저울 사용시의 주의

① 직사광선, 부식성 가스(산의 증기) 등을 피하며, 일광이 들지 않고, 건조하고 온도변화가 적은 장소에 고정된 판(돌이나 콘크리이트)에 수평으로 설치한다.

② 물건을 달기 전에 모든 조건이 잘 조절되어 있는가 확인한다.

③ 측정하고자 하는 물질은 황산지, 유리그릇이나 알루미늄박지에 담아서 단다.

④ 측량하려는 물체의 온도는 실온과 같아야 한다. 뜨거운 물체나 차가운 물체를 그대로 저울로 달면 안 된다. 가열된 물체는 데시게이터 안에 넣어 식힌 후 무게를 측정한다.

⑤ 청결한 유리 그릇, 자기, 금속 등의 물체는 그대로 달아도 좋으나 화학약품, 천연물 등은 반드시 용기(칭량병, 시계 접시 등)에 넣어서 측정한다.

⑥ 저울의 감도는 중량이 무거울수록 떨어진다. 따라서 미량의 물체를 무거운 용기에 넣어 측정하는 것은 좋지 않으므로 용기는 가벼운 것을 사용한다.

⑦ 저울을 사용하지 않을 때는 [정지] 상태로 한다.

⑧ 잘못하여 시료나 시약을 떨어뜨리면 바로 닦고 저울 상자의 내부는 항상 청결하게 보관한다. 방습을 위하여 $CaCl_2$나 진한 H_2SO_4 등을 용기에 넣어서 저울 내에 비치한다.

⑨ 분동이나 칭량병은 핀셋으로 다루고, 다른 저울의 분동을 함부로 사용하지 않는다. 분동은 녹이 나거나 닳아 없어져서 무게가 변하므로 1년에 한 번씩 보정한다. 분동을 사용하는 저울은 가끔 표준분동으로 검정한다.

⑩ 칭량이 끝나면 분동을 분동상자 안에 항상 넣어 둔다. 직시 저울은 다이얼을 0으로 돌려놓고, 스위치는 꺼둔다.

⑪ 저울이나 저울 진열대에 충격을 주면 안 되고, 진동이 전달되어도 안 된다.

(2) 전자식 자동 직시 저울

사용이 간편하고 정밀도가 높아서 분석저울의 대부분을 차지하고 있다. 분동 대신 전자기의 힘을 이용하므로 자장, 전기장, 먼지 등에 의해 많은 영향을 받는다. 질량을 측정하는 것은 매우 쉬워서, 황산지나 그릇을 올려놓은 채로 영점을 맞춘 후 시료를 넣고 미닫이문을 닫고 수초간 기다려서 안정된 값을 읽으면 된다.

그림 15.1의 왼쪽 화학천칭은 정밀도가 매우 높지만 오른쪽은 간이형이므로 1/100g 정도까지 읽을 수 있다. 용도에 따라서 정확도는 다르다.

자동 직시 저울

그림 15.1　전자식 자동 직시 저울

(3) 직시 저울(반자동)

직시 저울은 속에 분동이 내장되어 있다. 손잡이를 돌리면 그램수가 나타난다. 지침의 흔들림을 에어댐퍼가 급속히 정지시키므로 빨리 읽을 수 있다. 정밀도가 높아서 1mg까지 읽을 수 있다.

① 무게 표시가 0점으로 되어 있는지 확인한다.

② 저울의 문을 모두 닫는다.

③ 다이얼을 돌려서 저울을 완전히 풀어 준다.

④ 가장 큰 추의 다이얼 눈금이 영점 이하가 될 때까지 돌린다. 영점 이하가 되면 다이얼을 한 단위 뒤로 돌린다. 다음 단계의 다이얼을 돌려서 같은 방법으로 조정한다. 광학 눈금이 정지된 후 마이크로미터 다이얼을 돌려 눈금을 일치시킨다.

⑤ 다이얼을 돌려서 멈추는 위치로 한다.

⑥ 저울 문을 열고 접시 위에 측정하려는 시료를 올려놓고 문을 닫는다.

⑦ 다이얼을 반만 풀어주는 위치로 한다.

⑧ 가장 큰 추의 무게를 조동용(租動用) 다이얼로 조절한다.

⑨ 미동용(微動用) 다이얼로 이 과정을 반복한다.

⑩ 다이얼을 돌려 완전히 풀어주는 위치로 한다.

⑪ 왼쪽에서부터 오른쪽으로 즉 10단위, 1단위, 1/10단위, 눈금의 표시, 미량 조정값 등의 전체 질량을 읽는다.

⑫ 측정이 끝나면 저울대를 고정시키고 다이얼과 마이크로미터를 영점으로 되돌린다.

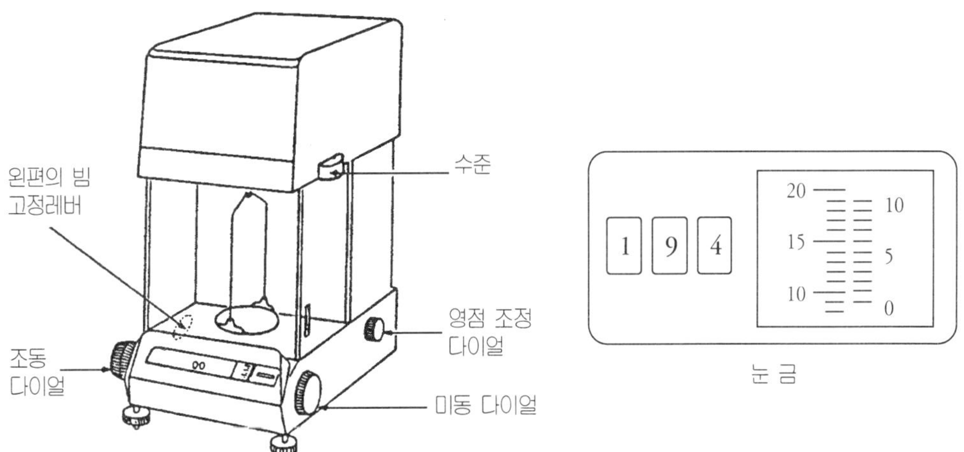

그림 15.2   직시저울 (반자동)

(4) 분동식 화학저울

이 저울은 분동을 사용하여 시료의 무게를 잰다. 정확하기는 하지만 시소운동을 하므로 고정된 상태에서 시료 무게를 읽지 못하고 바늘이 왔다 갔다 하는 평균을 잡아 계산하기 때문에 불편하여 현재는 사용되지 않는다.

분동은 1g 이상 짜리는 보통 놋쇠에 금 또는 백금을 도금하였고, 0.5g 이하 짜리와 라이더는 알루미늄 또는 백금으로 만들어져 있다. 저울을 사용할 때는 반드시 핀셋으로 분동을 접어서 저울 접시에 올려놓도록 하며, 손으로 분동을 잡아서는 안 된다.

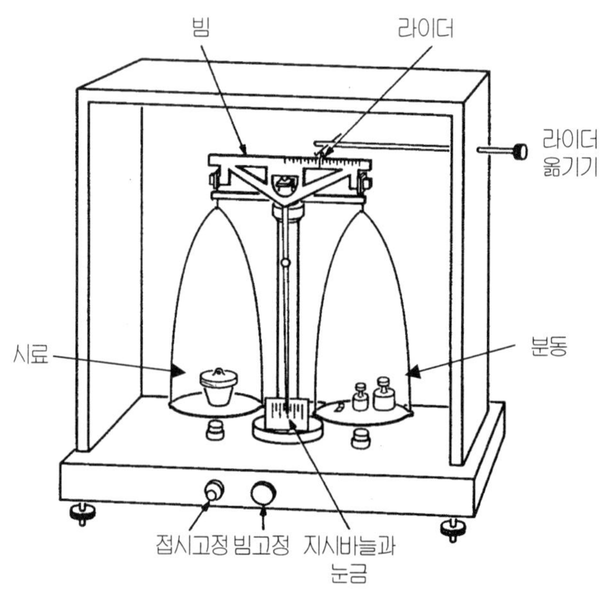

그림 15.3   분동식 화학 저울

(5) 접시 저울 (platform balance)

학생들이 각자의 실험대 위에 올려놓고 무게를 대충 재는 데 사용하며, 0.1g까지 잰다. 시료를 한쪽 접시판 위에 올려놓고 적당한 무게의 추를 올려놓아 바늘이 눈금의 0점에 이르렀을 때의 분동의 무게로 잰다. 용기나 종이의 무게를 먼저 재고 시약을 담은 후 전체 무게를 재서 차이로부터 시약의 무게를 0.1g까지 읽을 수 있다.

① 황산지 두 장을 가볍게 접었다 펴서 양쪽 접시 위에 얹는다.
② 조정나사를 조절하여 지침이 0을 가리키도록 한다.

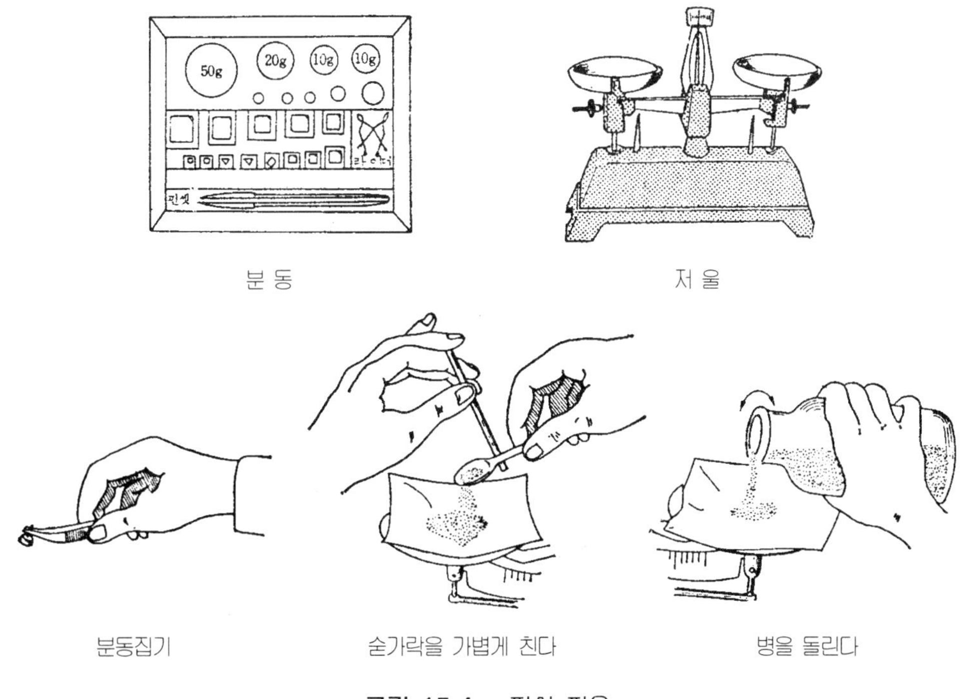

그림 15.4 접시 저울

③ 한쪽 접시에는 달려는 시약의 질량과 같은 양의 분동을 얹는다. 분동은 무거운 것부터 차례로 놓는다.

④ 다른 쪽 접시에는 바늘이 0에서 정지될 때까지 시약을 놓는다.

⑤ 시약을 필요량만 달고 분동은 분동통에, 접시는 2매를 포개어 한쪽에 놓는다.

♻ 주의사항

① 접시에 물체를 얹지 않았을 때의 지침이 0을 가리키도록 조정한다.

② 접시는 금속 또는 플라스틱제이므로 약품을 접시에 직접 올려놓지 않도록 한다.

③ 분동은 무거운 것부터 중앙에 놓도록 하고 지침이 0이 되면 균형이 된 것이다. 서두를 때는 지침이 0을 중심으로 하여 안쪽을 움직이는 것을 확인하고, 분동 지침을 읽어도 된다.

④ 분동은 좌우 어느 쪽의 접시 위에 얹어 놓아도 되나 일반적으로 편의상 왼쪽에 달을 물체, 오른쪽에 분동을 놓는다.

⑤ 접시 저울에서는 감도량 이하까지 정확하게 달 수 없으므로 화학저울을 사용한다.

⑥ 접시 저울을 함부로 취급하면 녹아 슬거나 파손되어 사용하지 못하게 되므로 주의해야 한다.

⑦ 한계량 이상을 달면 감도가 둔해지고 고장나기 쉽다.

(6) 삼중저울

　삼중 저울은 0.01g까지 읽을 수 있으며, 시료를 올려놓는 접시와 세 개의 저울대로 구성되어 저울대와 접시는 받침점을 중심으로 좌우가 시소처럼 자유롭게 움직일 수 있다. 보통 저울대의 빔(beam)은 0.1g~1g까지, 1g~10g까지, 10g~100g까지 눈금이 매겨져 있기 때문에 0.1g~111g까지 측정할 수 있다. 0.1g 단위 저울대는 눈금이 없어서 추를 어디에 놓아도 된다.

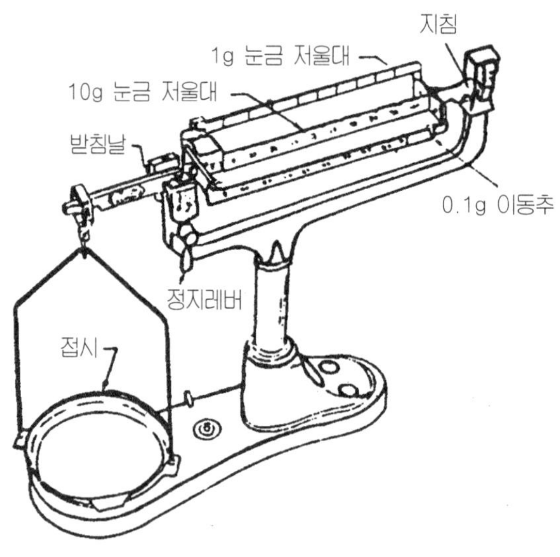

그림 15.5　　삼중대저울

(7) 외대저울

　접시저울을 개량한 것으로 삼중저울과 접시저울의 중간형이다. 눈금저울대가 하나이다.

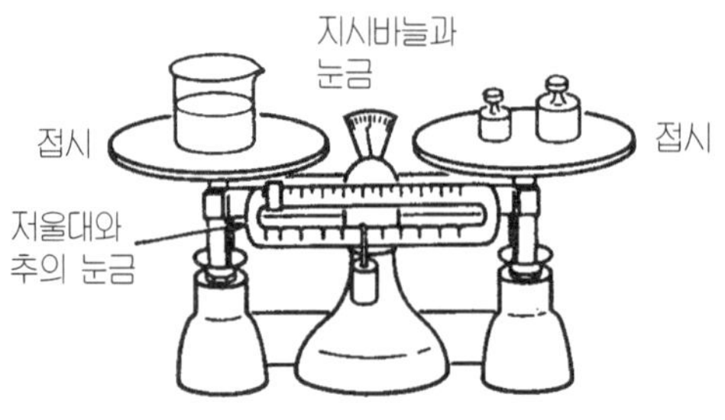

그림 15.6　　외대저울

16. 화학 실험 기구

액체의 부피 측정은 눈금실린더, 뷰렛, 피펫, 그리고 용량플라스크를 사용한다. 눈금이 새겨진 비커나 플라스크를 사용할 수도 있으나 정밀도가 떨어지므로 어림측정을 할 경우에만 사용한다.

반응에 사용하는 양은 많을수록 오차가 적어진다. 즉 0.1mℓ보다는 1mℓ를, 1mℓ보다는 10mℓ를 반응시키는 편이 오차가 적다. 그러나 반응 양이 많아지면 다루기 어렵기 때문에 소량화하게 된다. 유리기구의 선택은 이런 점을 고려한다.

(1) 메니스커스

액체는 대부분 그림 16.1과 같이 오목한 표면을 갖는다. 눈금을 읽을 때는 오목한 표면(메니스커스)의 아래쪽 면을 수평으로 보면서 읽는다.

부피측정용 기구를 반듯하게 세워 놓고 액체를 넣은 후, 1분 정도 기다려 벽에서부터 잔류 액체가 모두 흘러내린 후 눈높이를 액체의 메니스커스와 같게 하여 메니스커스 밑바닥을 읽는다. 눈금이 1mℓ로 표시되었을 경우 이를 10등분하여 0.1mℓ까지 읽어야 한다.

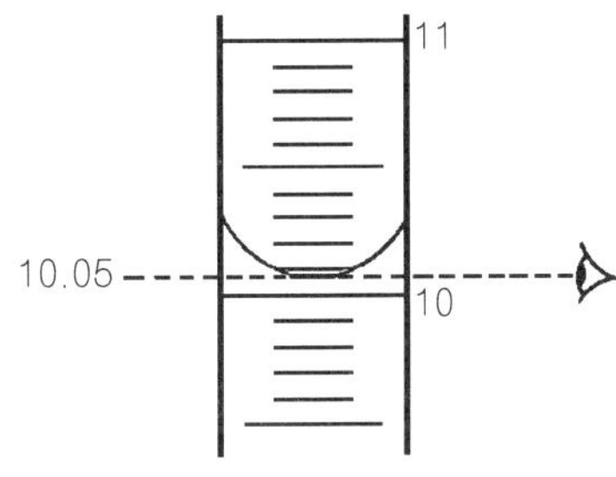

그림 16.1　메니스커스

(2) 피펫 (pipette)

■ 피펫의 종류

피펫은 일정한 양의 액체를 정확히 취하기 위하여 사용하며, 일정한 양만 취하는 용량피펫(홀피펫)과 눈금이 새겨져 있는 눈금피펫(메스피펫)이 있다. 홀 피펫은 정해진 한 가지 용량만 재며, 1~200mℓ까지 여러 가지가 있다. 메스피펫은 총액량 이하에서 액량을 마음대로 재며, 1~50mℓ 용량의 여러 가지가 있다. 눈금 새긴 스포이드는 1~5mℓ를 간단히 재는데 사용하지만 부정확하다.

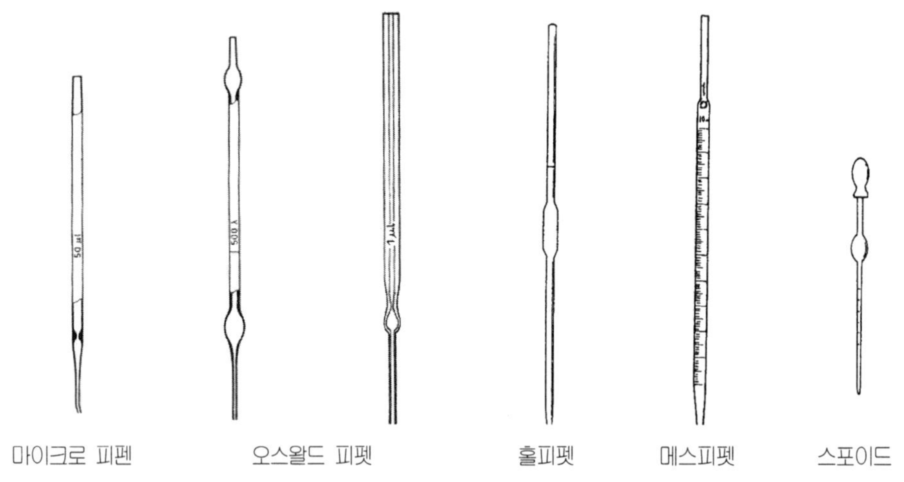

그림 16.2　피 펫

■ 피펫 사용법

피펫은 윗부분에서 빨아올려 표시선 위까지 액체가 오게 한 다음 흡입구를 둘째 손가락 끝으로 막은 후 손가락 끝에서 피펫을 좌우로 살살 돌리면서 메니스커스가 표시선까지 내려오게 한 후 피펫을 용기로 옮겨 액체를 배출시킨다. 그러나 홀피펫은 손가락을 완전히 뗀다. 피펫 끝에 남아 있는 용액 방울은 끝부분을 그릇의 벽에 닿게 하면 완전히 배출된다. 얼마간 지난 후에도 피펫 끝에 남아 있는 용액은 홀피펫의 경우 한쪽 손가락으로 입구를 막고 다른 손으로 홀을 감싸면 손의 체온으로 공기가 팽창하여 남아 있던 것이 빠진다. 입으로 불면 안 된다.

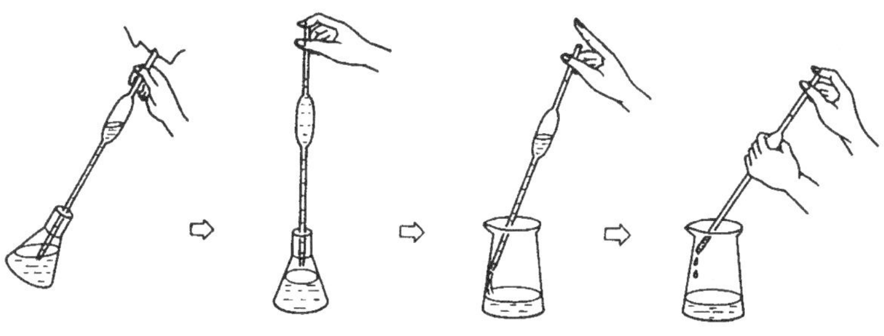

그림 16.3　올피펫 사용법

　　오토피펫은 피스톤형의 자동화된 기구로, 나사를 돌려서 피스톤 양을 조절하며, 팁(tip)을 간단히 교환하므로 다종류의 시료를 단시간에 뺄 수 있으며, $0.1 \sim 1\,m\ell$의 용량에 적합하다. 전문가들은 대부분 이 피펫을 사용하고 있다. 주사기식 피펫이나, 오토피펫은 입으로 뺄 필요없기 때문에 매우 안전하다.

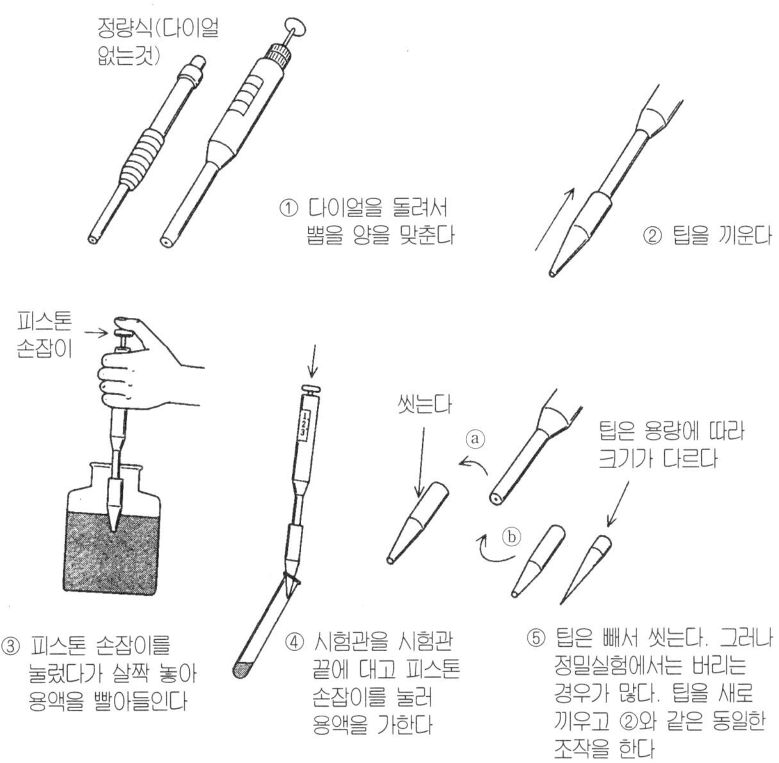

그림 16.4　오토피펫 사용법

❸ 피펫의 선택

1mℓ 이하는 주로 오토피펫을 사용하며, 3mℓ 이상의 정용은 홀피펫을 사용하는 것이 좋다. 점성이 있는 액체는 피펫을 사용하지 않는 것이 좋다. 벽에 묻어서 내려오지 않기 때문이다. 그리고, 1mℓ 이하 짜리 메스피펫은 구멍이 가늘어서 생기는 모세관 현상으로 부정확할 가능성이 있다. 액체로 채운 피펫을 들고 실험실을 돌아다니거나 피펫에 남아 있는 용액을 뿌려서 털어서는 안 된다. 피펫의 안은 항상 깨끗해야 한다. 불결한 피펫은 그 안쪽 벽에 용액이 계속 방울로 남아 있어서 부정확하다.

❹ 피펫터의 사용법

마시면 위험한 시약은 피펫용 고무빨개(filler, pipetter)나 오토피펫을 사용한다. 한 손의 엄지손가락과 집게손가락은 피펫터의 빠는 데 관여하는 누르는 곳과 공기를 넣는 곳을 잡고 가운데손가락, 약손가락, 새끼손가락은 피펫을 잡는다. 피펫터만 잡으면 피펫이 빠져 떨어져서 깨진다. 고무 피펫터를 사용한 후는 고무 속의 공기를 수회 교환하여 남아 있는 유해가스로 고무가 상하지 않게 한다.

무해한 시약까지 필러를 사용하면 속도가 매우 느리므로 입으로 빤다. 입으로 빨 때에는 용액이 입속으로 들어가지 않도록 주의한다. 피펫은 용액 속에 깊이 꽂아서 빤다. 용액 표면에 대고서 빨면 액체가 공기와 함께 입속으로 빨려 들어가 위험하다.

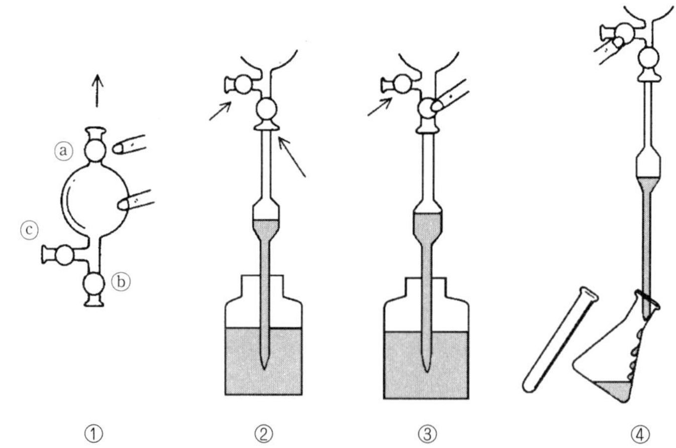

① ⓐ를 누르면서 고무구를 눌러 배기한다. 누르면 열리고 놓으면 닫히기 때문에 함께 누른다.
② 피펫의 흡입구를 피펫터의 ⓑ에 끼우고 피펫 끝을 용액에 담근다.
③ ⓑ를 눌러 용액을 빨아 올린다.
④ 용액을 가할 용기로 피펫을 옮겨서 ⓒ를 눌러 벽을 따라 용액을 가한다.

그림 16.5　피펫터 사용법

5 피펫과 오차

피펫은 신용할 수 있는 회사의 동일제품을 사용해야 한다. 회사가 다르면 피펫의 오차가 커지기 때문이다. 그리고, 같은 용량이라 하더라도 메스피펫보다는 홀피펫(오스왈드피펫)의 오차가 적다. 홀피펫은 내부가 구형이므로 내부 표면적이 최소화되어 온도변화에 따른 점성변화에 의한 오차가 메스피펫보다 적다. 메스피펫은 내부 표면적이 넓어서 벽면에 붙어서 내려오지 않는 용액이 많고, 온도에 따라 그 양에 차이가 난다. 관이 가늘수록 모세관 현상 때문에 관 안의 용액이 빠져 나오기 힘들다. 놓아두면 벽면에 붙어 있던 용액이 내려와서 끝에 고이는데 사람에 따라 내려오게 하는 시간이 다르므로 그에 따른 오차도 생긴다. 그러므로 같은 피펫을 사용한다 하더라도 한 번 불어내고 마는가, 얼마나 세게 부는가, 기다렸다가 다시 부는가, 기다리면 얼마나 기다리는가 등에 따라 양에 차이가 난다. 그러므로 실험자는 각자 합리적인 피펫팅 시간과 방식을 정해서 자신을 그에 숙달, 통일시켜야 한다.

6 시험관에 가하기

0.1mℓ 같이 적은 양을 시험관에 가할 경우, 시험관 벽에 가하면 시험관 벽에 묻어서 내려가는 양이 거의 없다. 이 부분은 이미 가한 용액과 또는 나중에 가하는 용액과 반응하지 않으므로 오차로 나타난다. 이 오차는 사용하는 양이 적을수록 커진다. 그러므로 피펫끝을 거의 시험관 바닥에 대고 살짝 끌어 올려 떼면서 가해 벽면에 붙어서 따라오는 용액이 없도록 한다. 그러나, 반응 용액이 들어 있으면 피펫이 그 용액에 닿으면 안 되므로 피펫을 시험관의 ⅓이나 ⅔ 지점까지 넣고서 용액이 시험관 중앙 바닥에 떨어지도록 정확하게 가한다.

피펫으로 용액을 취하고 나면 겉에 묻는 방울은 필요없는 양이다. 이 방울을 매단 채로 가하면 시험관 안에 떨어져서 정해진 양보다 더 들어가서 오차를 일으키므로 티슈로 닦아 넣도록 한다. 그러나 티슈가 안의 용액을 빨아내지 않도록 조심한다.

오토피펫도 피펫 끝을 바닥 가까이 대고 주입해야 한다. 오토피펫은 이런 점에서는 매우 편리하며, 적은 양에 적합하다. 그러나 오토피펫이 만능은 아니다. 눌렀다가 갑자기 놓아서 용액을 빨아들이면 공기가 새어 들어와 눌러도 다 빠져 나오지 않는다. 그리고, 많이 사용한 것은 피스톤이 닳아서 공기가 새므로 용량이 맞지 않아서 오차가 생긴다. 그러므로 오토피펫을 너무 급하게 빨아들이거나 주입하면 안 된다. 용액이 다 빠져 나오지 않고 팁 안에 남아 있어도 오차가 생긴다

(3) 미터글라스

원추형으로, 손에 쥐고 액량을 읽는다. 왼손에 쥐고 액체를 넣도록 눈금이 있다. 눈금 실린더만큼의 정밀도는 필요로 하지 않고, 간단한 액체량을 재는데 쓰인다.

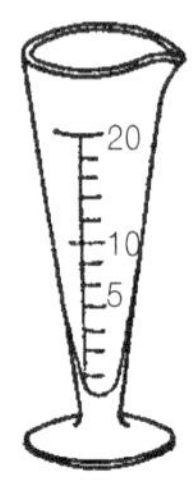

그림 16.6   미터글라스

(4) 용량플라스크 (mess flask)

검정 온도에서 표선까지 채운 액체의 부피를 나타낸다. 일정한 부피의 액체를 정밀하게 잴 때나 특정 농도의 용액을 만들 때 사용한다. 보통 일정 질량의 용질을 먼저 넣고 소량의 용매로 녹인 후 용해시킨 후 나머지 용매를 가해 눈금을 채운다. 용질이 잘 녹지 않는다고 가열하면 용량이 달라지므로 가열하면 안 된다.

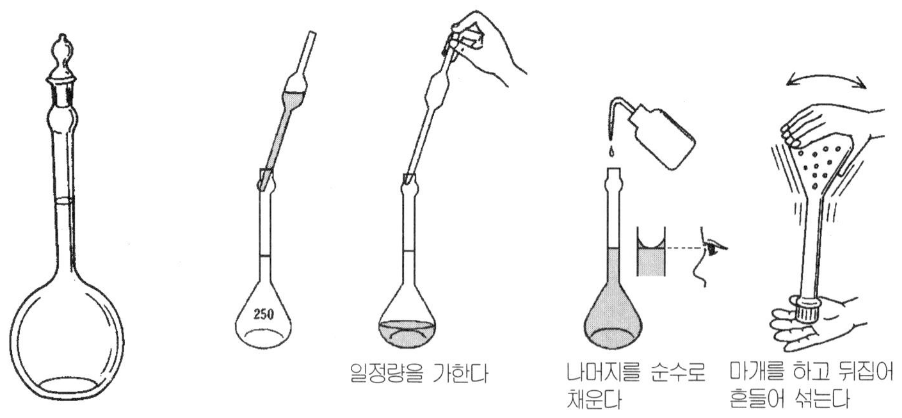

그림 16.7 용량 플라스크   그림 16.8   용량플라스크에 의한 희석

(5) 눈금실린더 (graduated (mess) cylinder)

원통형으로 긴 유리관에 눈금을 새겼다. 마개가 있는 것도 있다. 액체의 부피를 재는 데 사용한다. 눈금을 읽을 때는 눈을 눈금과 평면선상에 놓고 읽어야 한다. 눈금실린더는 액체의 부피를 정확히 측정할 필요가 없을 경우 사용한다. 눈금실린더는 여러 가지 용량이 있으며, 사용하고자 하는 부피에 맞아야 오차가 줄어든다. $10m\ell$의 액체를 재는 데 1ℓ 짜리를 사용하거나, $100m\ell$의 액체를 재는데 $10m\ell$ 짜리로 10번을 측량하면 오차가 매우 커진다.

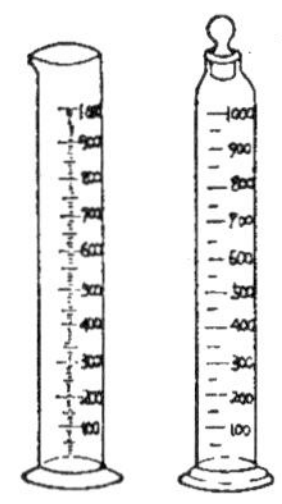

그림 16.9　　눈금실린더

(6) 뷰렛 (burette)

뷰렛은 액량을 정확히 가해 적정(titration)하는데 주로 사용하며, $5 \sim 100m\ell$ 짜리가 대부분이다. $0.1m\ell$의 눈금으로 1 눈금의 1/10까지 눈대중을 할 수 있다. 방출부는 유리마개, 고무관과 유리알, 고무관과 핀치 코크가 있다. 처음의 눈금에서 내려간 눈금의 차이에서 사용 부피를 측정한다. 눈금을 읽는 눈의 위치는 메니스커스와 평행이어야 한다.

스톱 코크는 유리제와 테플론(teflon)제가 있다. 테프론제는 그리스(grease)를 바를 필요가 없으나 유리제는 그리스를 발라서 공기가 새지 않도록 한다. 센 알칼리 용액을 사용할 때는 유리 코크가 붙어 조작이 어려우므로 핀치클램프를 끼운 고무관을 달아 사용한다.

적정을 할 때는 속도와 정확도를 고려하여 조절한다. 적정시는 적정용액이 들어있는 용기를 계속해서 잘 흔들어 주든지 마그네틱 바로 돌려주어야 한다. 뷰렛의 눈금이 앞으로 향하면 스톱 코크는 오른쪽으로 오게 된다.

뷰렛에 남아 있는 용액은 실험이 끝나면 바로 버리고, 증류수로 깨끗이 씻은 후 증류수를 담아 놓는다. 특히 알칼리성 용액은 절대 뷰렛에 오랫동안 담아두지 말아야 한다. 알칼리 용액은 유리를 부식시키므로 스톱 코크가 늘어붙고, 새는 수도 있다.

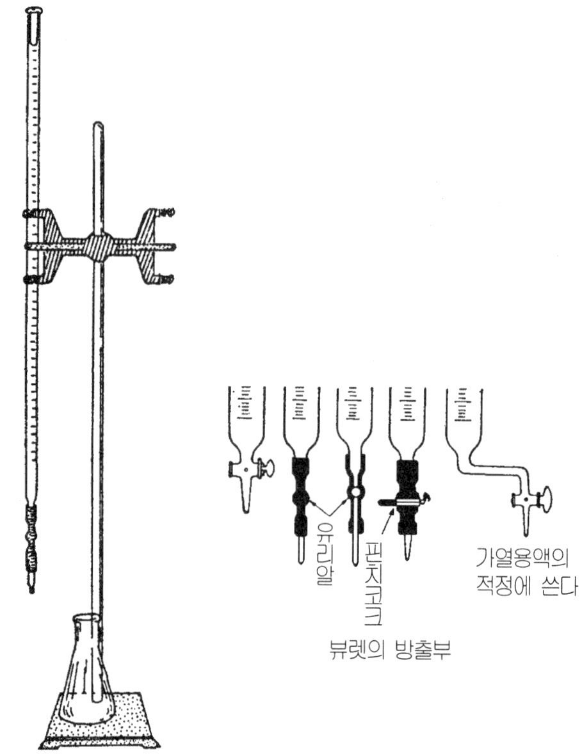

그림 16.10　뷰 렛

자동뷰렛은 일정한 양을 가하는데 사용하며, 가하는 양을 조절할 수 있다.

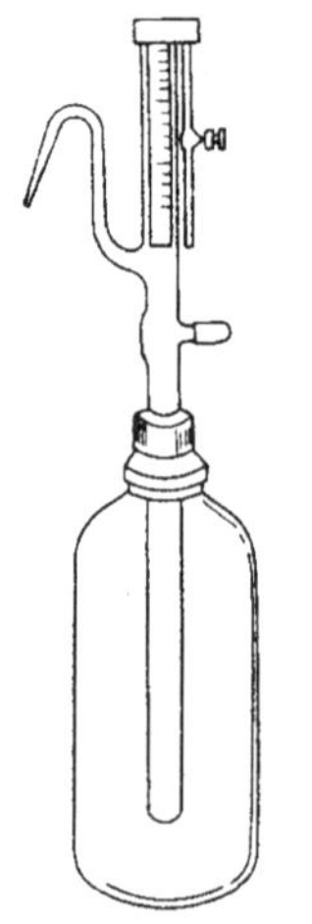

그림 16.11　자동뷰렛

뷰렛은 다음과 같이 사용한다.

① 수직으로 세운다.

② 물로 잘 씻은 후 마지막에는 사용할 용액으로 적어도 2~3회 씻는다.

③ 뷰렛에 액체를 가하거나 뽑아 낸 다음 1분 정도 기다려서 벽에 묻은 것이 내려간 다음 메니스커스 눈금을 읽는다.

④ 코크의 밑에 기포가 고이는 것을 방지하기 위하여 측정 전에 액체를 소량 뽑아낸다.

⑤ 액면의 높이는 메니스커스와 같은 눈높이에서 읽는다. 진한 색을 띠는 액체(과망간산칼륨 용액 등)는 뷰렛 뒤에서 불을 비추어 메니스커스를 읽는다. 거의 보이지 않으면 메니스커스 윗부분을 읽기도 한다.

⑥ 뷰렛의 최소눈금은 0.1mℓ이므로 그 구분의 1/10 정도까지 읽어 0.01mℓ의 정밀도로 나타낸다.

(7) 비커(beaker)

용량(mℓ) : 50, 100, 200, 250, 300, 500, 1000, 2000, 3000

비커는 대개 경질유리로 만들고, 액체를 넣거나 고체를 액체에 녹일 때 이용된다. 액체를 가열할 때도 사용되나 액체를 증발시키는 데는 사용하지 못한다. 유리 외에 스테인레스스틸제도 있다.

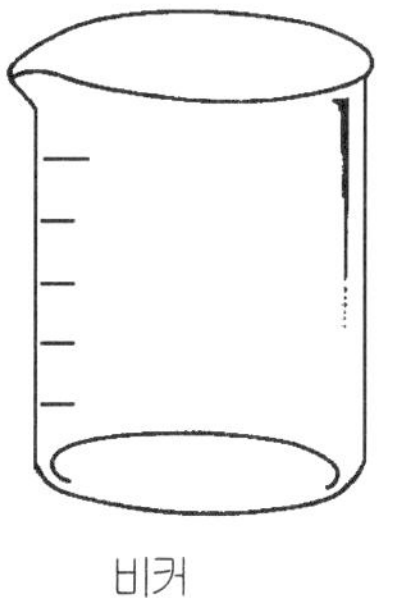
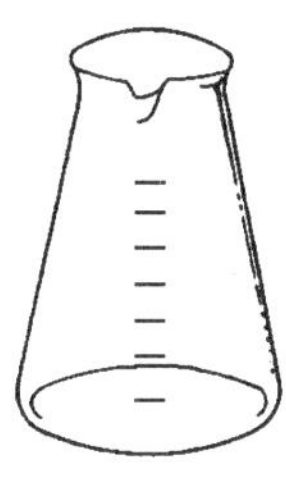

그림 16.12　비커

(8) 삼각 플라스크(△-flask)

용량($m\ell$) : 50, 100, 200, 250, 300, 500, 1000, 2000, 3000

엘렌마이어 플라스크(Erlenmyerflask)라고도 하며 소형에는 마개가 달려 있는 것도 있다. 액체 중에 가라앉은 침전을 남긴 채 액체를 쏟아 내는데 편리하다.

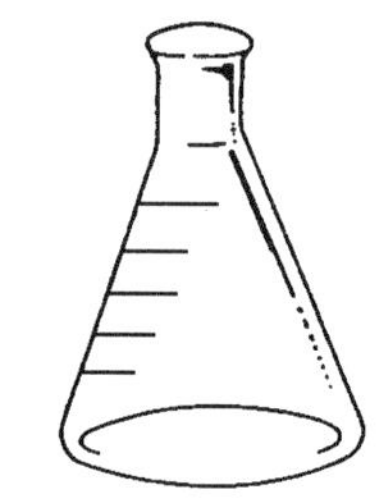

그림 16.13   삼각플라스크

(9) 둥근 플라스크

용도에 따라 여러 가지가 있으며, 가지가 있는 것도 있다. 분해나 증류 등에 사용한다.

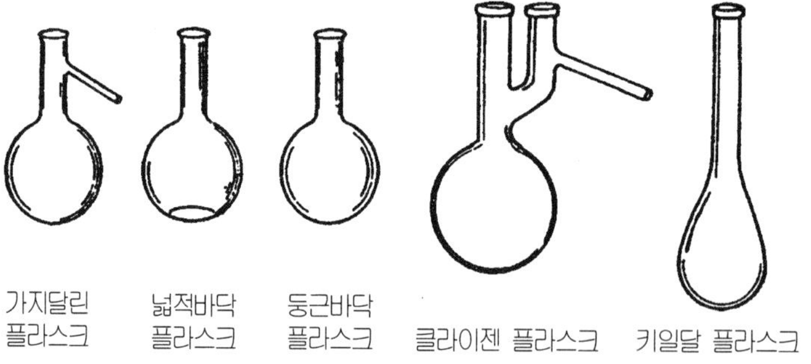

그림 16.14   둥근 플라스크

(10) 거르기용 플라스크

거르기에 사용하며, 둥근 형태를 한 흡인병과 가지 달린 삼각플라스크가 있다. 모두 가지가 달려 있다. 부흐너 깔때기나 글래스 필터를 붙여서 사용한다.

그림 16.15   여과용 가지달린 플라스크

(11) 마개달린 좁은 입병 (narrow mouth bottle)

용량(㎖) : 30, 60, 120, 180, 500, 1, 250, 500, 1ℓ, 2ℓ, 3ℓ, 5ℓ 10ℓ, 15ℓ, 20ℓ

마개 달린 좁은 입병은 액체 시약을 넣는데 쓰인다. 용량은 ㎖ 또는 ℓ로 나타낸다. 집기병은 기체를 모으는데 쓰인다.

그림 16.16   시약조제병

(12) 칭량병 (weighing bottle)

용량(㎖) : 50㎖, 100㎖, 250㎖, 500㎖

칭량병은 통모양인 것과 평행인 것이 있고, 고체, 액체 시약을 화학 천칭으로 칭량하는데 쓰인다.

그림 16.17　무게 재는 병

(13) 세척병 (washing bottle)

플라스틱제와 유리제가 있다. 유리제는 거의 사용하지 않는다.

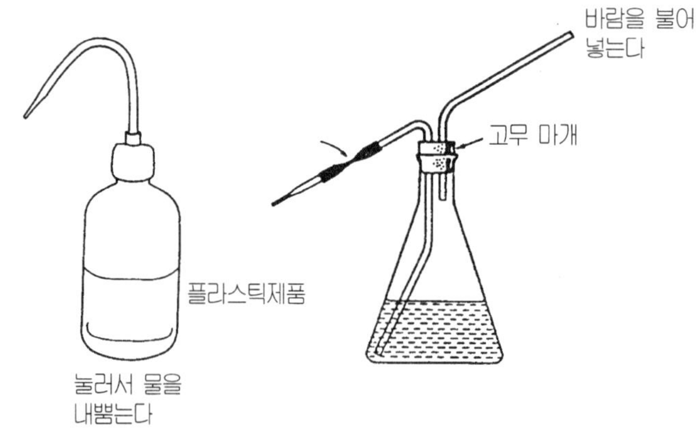

그림 16.18　세척병

(14) 수조 (jar)

지름(cm) : 12, 15, 24, 30

기체를 수상치환으로 모을 때 쓰이며, 뜨거운 물을 넣으면 깨지기 쉽다.

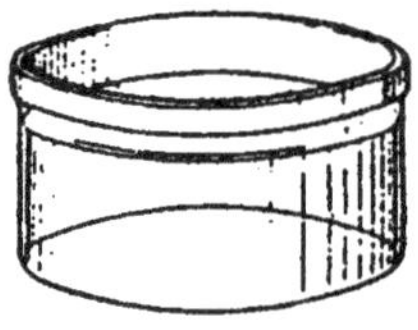

그림 16.19　수 조

(15) 증발접시 (evaporating dish)

자기 증발접시는 열과 산에 견디는 자기로써 표면을 칠해 놓았으므로 색의 변화를
잘 볼 수 있다. 유리 증발접시는 증발을 시킨 다음 결정을 석출시키는 경우에 사용된다.

그림 16.20   증발접시

(16) 중탕냄비 (water bath)

직접 불로 과열할 염려가 있고, 온도의 변화도 심하여 용기의 파손 등이 있을 때 사
용한다.

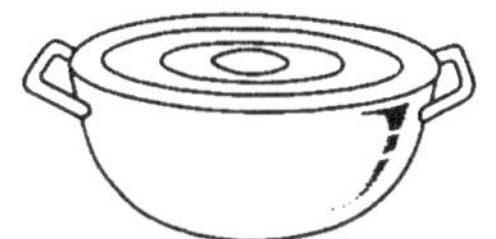

그림 16.21   중탕냄비

(17) 데시케이터 (desiccator)

반지름(cm) : 12, 15, 18, 21, 24, 30

건조용 유리제의 용기로서 중간이 잘룩한 곳에 자기로 만든 구멍이 있는 원판이 얹
혀져 있다. 용기의 하부에 실리카겔 등의 건조제를 넣고, 원판 위에는 건조시킬 물질
을 올려놓는다. 마개에는 와셀린을 발라 밀착시켜 놓았다.

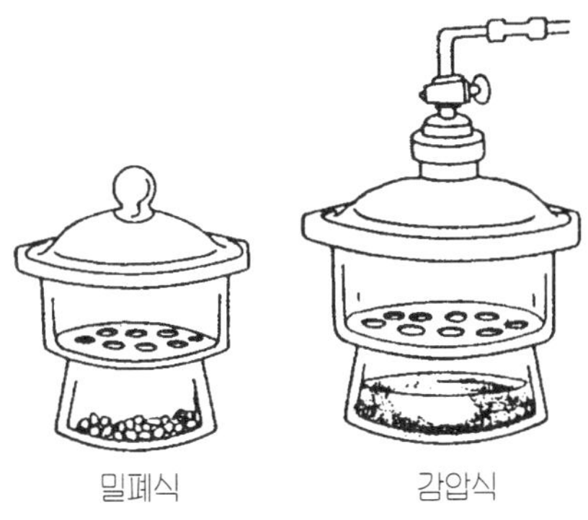

그림 16.22   데시케이터

(18) 도가니 (crucible)

도가니는 고체를 가열하거나 용해하는데 쓰이며, 자기제와 니켈, 납, 백금 등의 금속제와 흑연제, 초벌구이제 등이 있다.

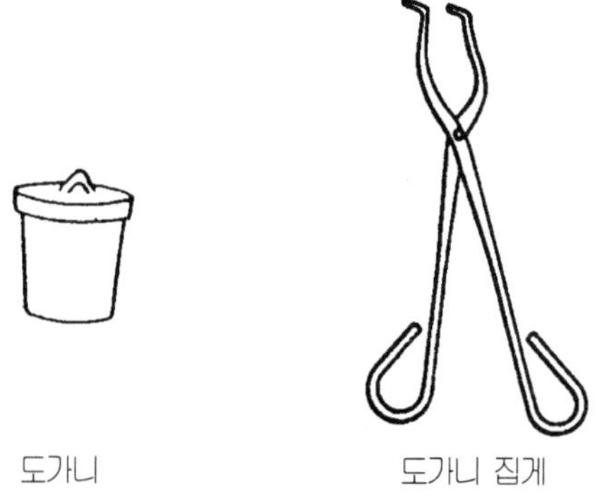

그림 16.23   도가니 및 도가니 집게

(19) 시험관 (test tube)

용량(mℓ) : 1~2, 5, 5~7, 10, 20, 30, 50

연질과 경질 외에 석영유리로 만든 것도 있으며, 내산성, 내열성이 강하다. 눈금이 있는 것도 있다. 시험관대는 나무, 스테인레스 스틸판이나 철사로 만들어져 있다. 한 줄이나 두줄 짜리, 넉줄 짜리가 있다.

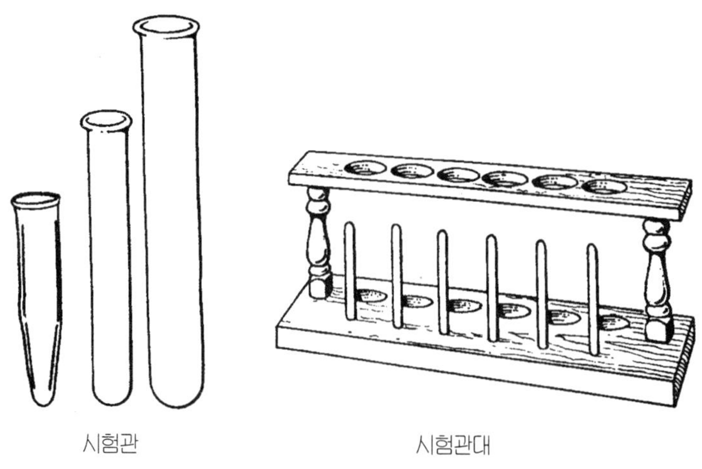

그림 16.24   시험관 및 시험관대

(20) 깔때기(funnel)

용량(mℓ) : 15, 40, 70　윗부분지름(cm) : 4.5, 5.0, 5.5　반지름(cm) : 60, 65, 70

깔때기에는 보통의 것, 다리가 긴 것 등이 있고, 단면은 삼각형, 다리의 아래꼴은 45°로 비스듬히 갈라져 있다. 여과할 때에는 부흐너 깔때기를 쓴다. 안전 깔때기관은 가스 발생시에 액체시약을 주입하는데 사용한다. 분액 깔때기는 섞여 있는 용액을 나눌 때 사용한다.

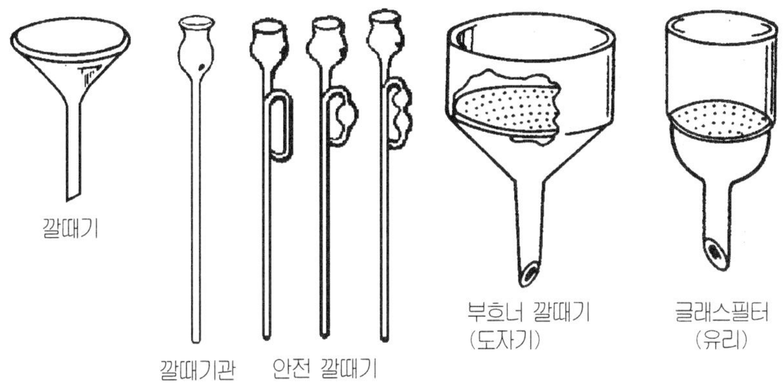

그림 16.25　깔때기

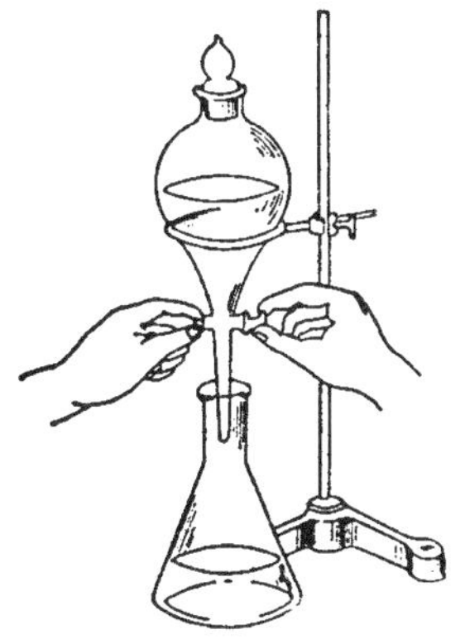

그림 16.26　분액 깔때기

(21) 막자사발과 막자 (mortar)

지름(cm) : 9, 12, 15, 18, 21, 25

막자 사발은 고체 약품의 분쇄·혼합에 쓰인다.

그림 16.27　막자사발

(22) 킵(가스발생) 장치 (Kipp gas apparatus)

황화수소와 같이 유독하여 간격을 두고 발생시킬 필요가 있을 때 적당하다. 실험은 드래프트(draft)를 사용하던가 통풍이 잘 되는 방에서 하는 것이 좋다.

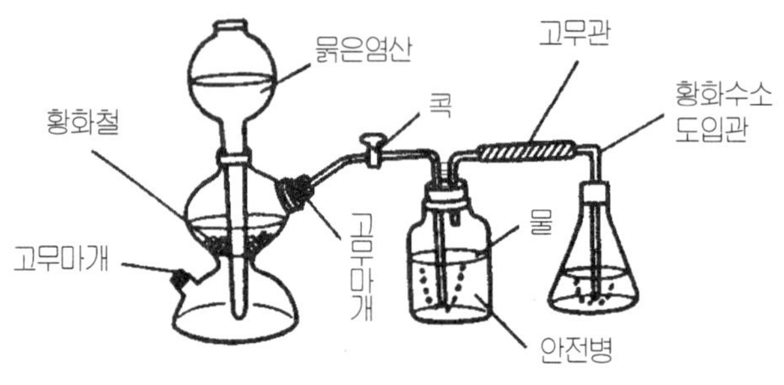

그림 16.28　킵(가스발생) 장치

(23) 냉각관 (condensor)

증류에 사용하며, 증기를 냉각하는데 사용한다. 안을 가스가 통과하고, 바깥관을 냉각수가 통과하여 가스를 냉각시킨다. 가스 통과관을 코일형으로 하여 표면적을 넓힌 것이 있다.

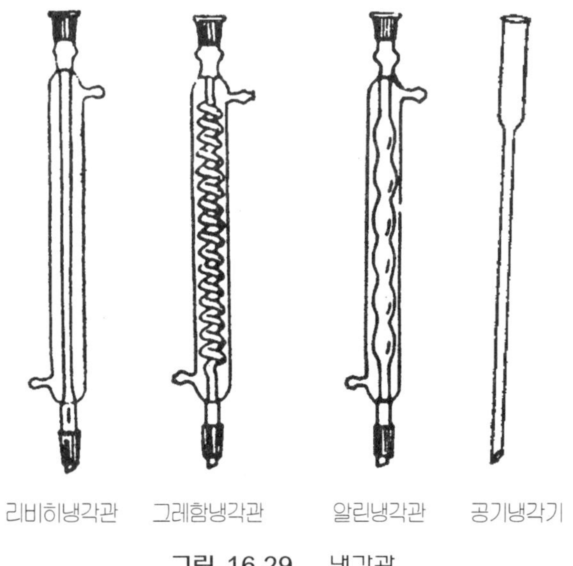

그림 16.29　냉각관

(24) U자관

기체를 건조하는데 사용한다. 안에 건조제를 넣고 가스를 통과시킨다.

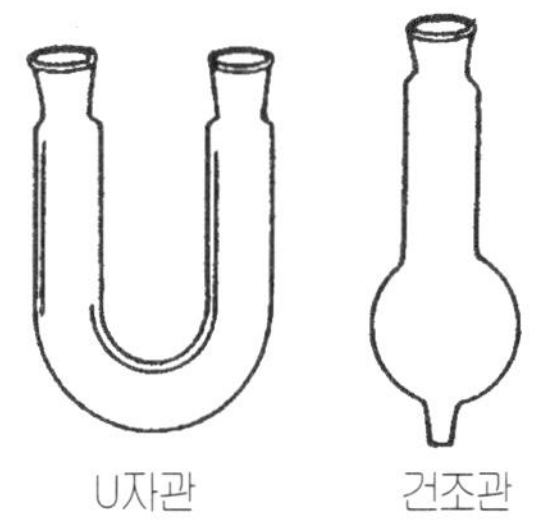

그림 16.30

(25) 삼구플라스크

특수용도에 사용한다.

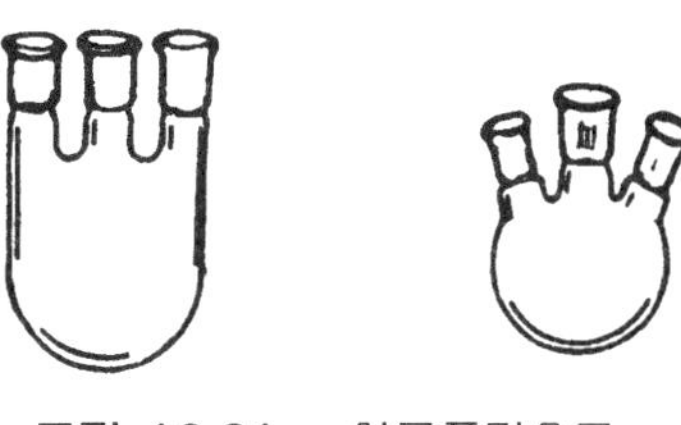

그림 16.31　삼구플라스크

(26) 안전병

증발이나 감압시 역류를 방지하기 위하여 사용한다.

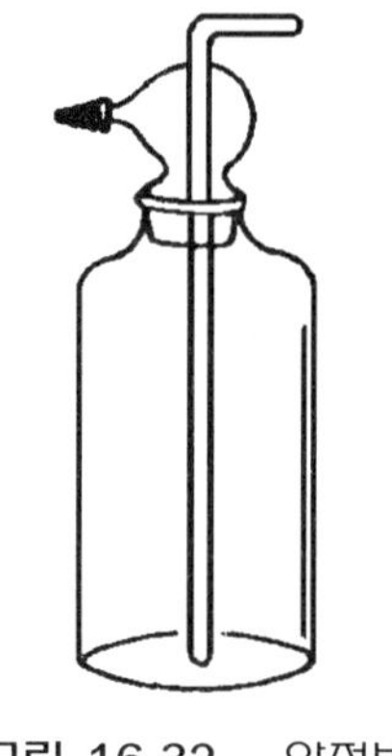

그림 16.32　안전병

(27) 집 게

　도가니 집게는 도가니와 소형 증발접시를 집는데 쓰인다. 핀셋은 작은 물건을 들거나 빼내는 데 사용한다. 시험관 집게는 가열하는 시험관을 집는데 쓰인다.

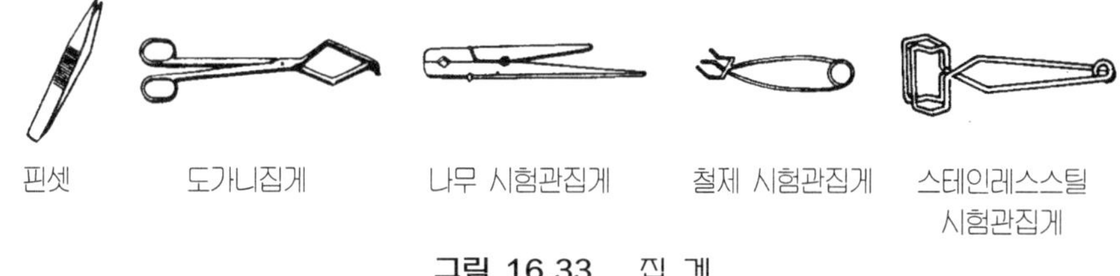

그림 16.33　집 게

(28) 핀치코크 (pinch cock)

고무관에 끼워 액체나 기체의 유통을 제한하는데 쓰인다.

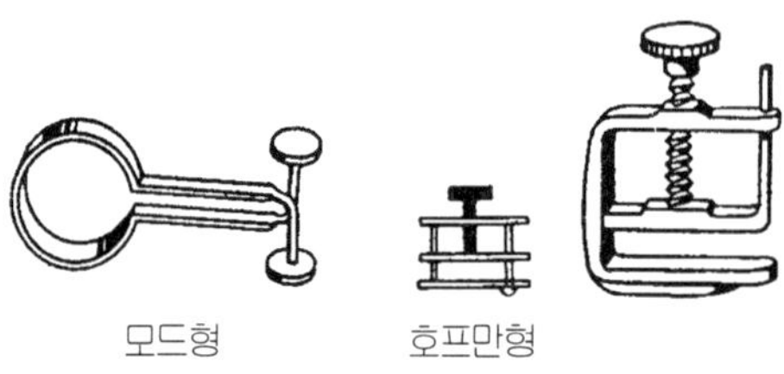

그림 16.34　핀치코크

(29) 스탠드 및 클램프

스탠드에 칼럼을 고정하거나, 시험관, 기타 기구를 고정하는데 사용한다.

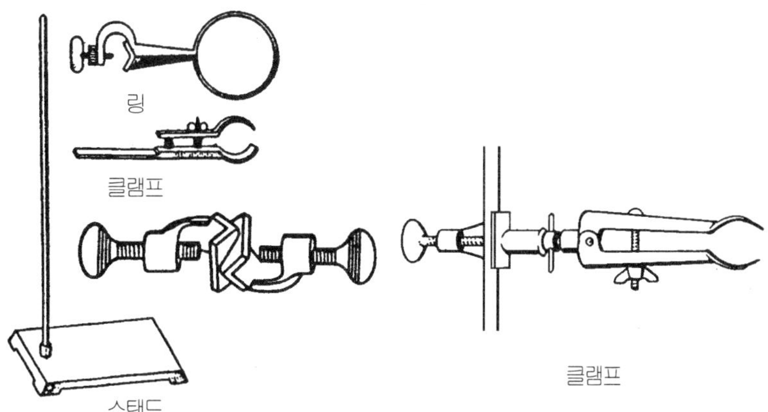

그림 16.35   클램프 및 스탠드

(30) 솔 (brush)

유리기구를 세척하는데 사용한다. 용도에 따라서 길이와 크기가 여러 가지이다.

그림 16.36   솔

(31) 고무마개와 구멍뚫이 (borer)

고무마개나 코르크마개에 구멍을 뚫는데는 구멍뚫이를 사용한다.

그림 16.37   고무마개와 구멍뚫이

(32) 삼각플라스크 고정용 스탠드

삼각플라스크를 고정하는데 사용한다.

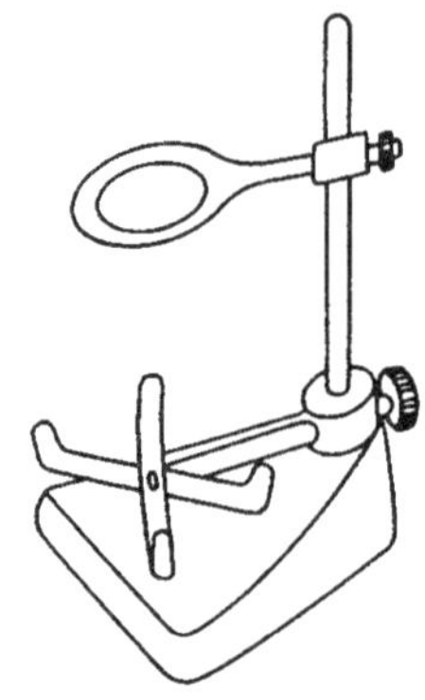

그림 16.38   삼각플라스크 고정용 스탠드

(33) 삼발이와 철망, 석쇠

가열은 삼발이 위에 삼각석쇠, 석면 붙은 철망을 올려놓고 하는 경우가 많다. 직화로 가열하면 불균형하여 깨지거나 지나치게 강할 경우 석면붙은 철망을 사용한다.

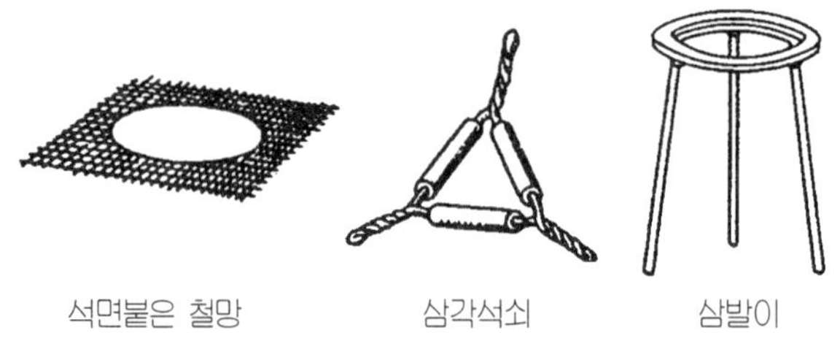

그림 16.39   삼발이와 철망, 석쇠

(34) 수저 및 유리봉

약수저는 시약을 떠내고, 연소수저는 연소시킬 물질에 사용하고, 유리봉은 용액을 젓는 데 사용한다.

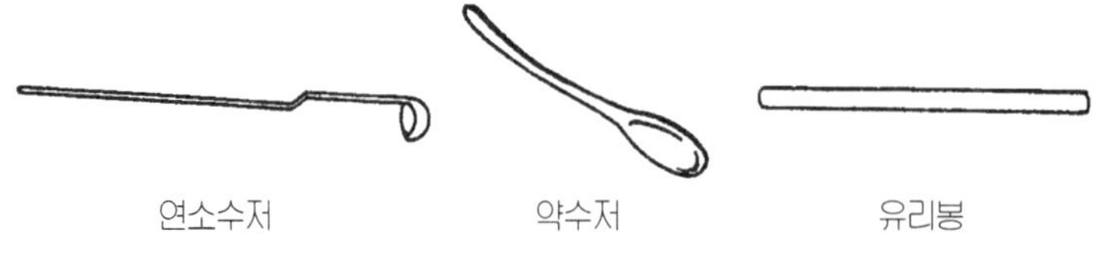

그림 16.40   수저

(35) 아스피레이터

수도꼭지에 달아서 수류에 의한 감압으로 흡입펌프작용을 한다.

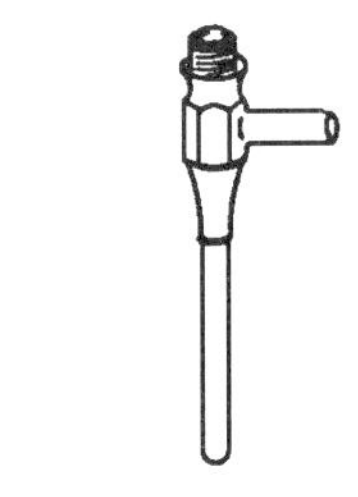

그림 16.41   아스피레이터

(36) 줄 (file)

유리에 눈금을 내거나 철을 연마하는데 사용한다.

그림 16.42   삼각줄

17. 유리 세공

화학실험 장치는 대부분 유리 기구로 되어 있으므로 실험 장치를 제작하려면 유리 관을 여러 모로 구부려서 연결하는 일이 많다. 그러므로 간단하고 기초적인 유리 세공 법을 익혀서 실험 장치를 자신이 꾸며본다.

(1) 유리의 종류

유리는 무정형으로 SiO_4^{4-}을 구조의 단위로 하여 산소원자를 공유하면서 불규칙하게 줄을 지은 입체의 강목구조(綱目構造)로 되어 있고, 그 강목 중에 Na^+나 K^+ 등의 금 속이온이 들어 있는 모양을 하고 있다. 주성분을 SiO_2이지만 금속이온 Na_2O, K_2O, B_2O_3 등 의 금속 산화물의 종류에 따라 유리의 성질이 달라된다.

나트륨 석회유리는 연질유리로서 연화점은 비교적 낮다. 판유리나 병, 시험관, 유리 관, 유리봉 등에 이용되는 일반적인 유리이다. 절단면은 약간 녹색을 띠고 있다. $300 \sim 400^\circ C$에서 녹는다. 열팽창계수가 크기 때문에 가열과 냉각을 서서히 해야 깨지 는 것을 막을 수 있다. 유리가 뜨거울 때 찬 곳에 놓아서는 안 된다.

칼륨석회유리는 경질유리로서 나트륨석회유리보다 경질로 광택이 있다. 시험관, 비 커, 플라스크, 피펫, 뷰렛 등의 이화학 유리나 필터유리 등에 사용되고 있다. 절단면은 약간 황색을 띤다.

붕규산(硼硅酸)유리(Boro-silicate glass)는 파이렉스 유리로서 경질, $700 \sim 800^\circ C$ 이상 에서 녹는 내열성으로, 열팽창 계수가 나트륨 석회유리의 약 1/3이다. 그래서 화학 기 구나 광학렌즈 등에 이용되고 있다. 절단면은 미황색이다. 반면, 녹는 온도가 높기 때 문에 산소-천연 가스 불꽃과 같은 높은 불꽃을 내는 장치를 써야 한다.

(2) 송풍 기구

풀무와 컴프레서가 있으나 풀무는 거의 사용하지 않는다. 컴프레서는 자동압력 조 절장치가 붙어 있어서 일정 압력으로 송풍할 수 있어야 한다. 컴프레서를 시중에서 구 입하면 싸다.

(3) 버 너

버너에는 인공적으로 공기를 공급하는 분젠버너 및 트릴버너와 휴대용 부탄가스통에 끼워서 사용하는 버너(철물점에서 3,000원 정도)가 있다. 부탄가스용은 가스의 분사력으로 공기가 자연 공급된다. 홈에 맞추어 밀어서 가스통에 끼우고 돌려서 잠그면 빠져 나오지 않는다. 다음, 불꽃을 버너 끝에 대고 나사를 살짝 열어 불이 붙게 한다.

분젠버너는 공급로가 두 군데로, 한쪽은 공기가, 다른 쪽은 가스가 공급된다. 양쪽 모두 코크로 공급 양을 조절할 수 있다. 공기는 컴프레서로 공급하며, 연료는 프로판 등의 천연가스를 사용한다. 연료 종류에 따라 노즐이 다르다. 공기 구멍이 잠긴 상태에서 가스만 살짝 틀어서 불을 붙인 다음, 파란 불꽃이 10cm 정도 되도록 가스와 공기를 잘 조절하여 유리관을 녹일 뜨거운 불꽃을 얻는다.

알코올 램프는 불이 약하여 유리 가공할 수 없으므로 사용하지 않는다.

분젠버너 불꽃의 가장 뜨거운 부분은 청색을 띤 속 불꽃의 바로 윗부분이므로 유리를 가열할 때에는 불꽃 중앙부의 약간 윗부분에서 가열한다.

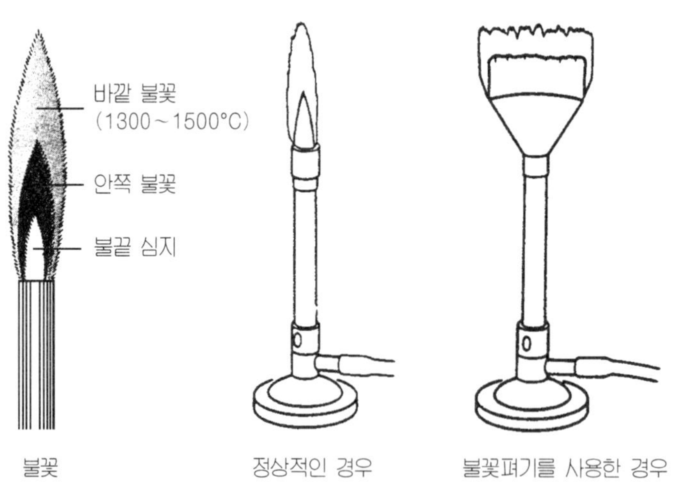

그림 17.1   분젠버너 불꽃

오래 사용하면 버너 주위의 책상이 타므로 실험 전에 버너 밑에다가 석면판이나 벽돌을 깐다. 주의할 점은 버너에 불을 붙일 때에는 성냥의 불꽃을 먼저 버너에 댄 후에 밸브를 열어 불을 붙여야 한다. 반대로 밸브를 열어 놓고 성냥불을 그어대면 가스가 축적되었다가 폭발하여 화상을 입기 쉽다. 버너를 사용하지 않을 때에는 가스탱크의 주밸브를 꼭 잠근다.

(4) 유리 가공

■ 유리관 자르기

　유리관이나 유리봉을 자르고자 할 때는 줄칼로 절단 지점을 한 두 번 세게 밀어 흠을 낸다. 줄이 닳아서 잘 안 들으면 여러 번 민다. 다음, 홈이 간 자리가 시험대 모서리에 일치하도록 한 다음 시험대 위를 누르고, 홈의 반대쪽을 약간 누르면 절단된다.

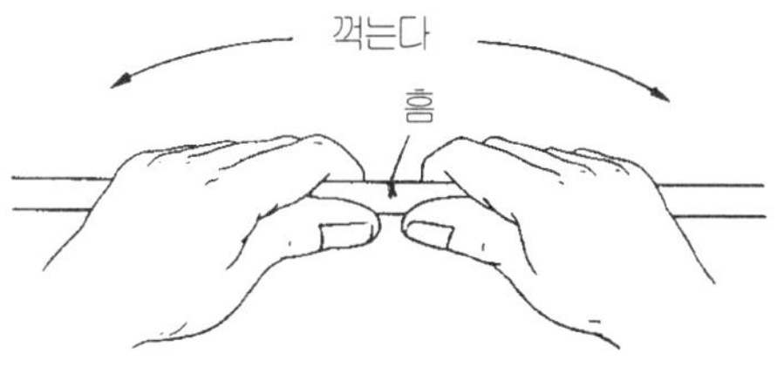

그림 17.2　유리관 자르기

■ 연마에 의한 면고르기 및 무디게 하기

　샌드페이퍼에 유리관의 절단면을 대어 원을 그리면서 면을 연마한다. 반짝이는 면이 없어지면 완료된 것이다. 유리관을 수직으로 유지하지 못하면 면이 둥그렇게 된다. 남아 있는 날카로운 모서리는 샌드페이퍼에 대고 돌리면서 연마하여 무디게 한다.

■ 불꽃에 의한 무디게 하기

　유리관의 날카로운 절단 모서리를 버너의 불꽃에 넣고 유리관을 좌우로 돌려서 끝만 살짝 녹아 붙게 하여 무디게 한다. 가열이 지나치면 관의 끝이 녹아 막히므로 주의한다.

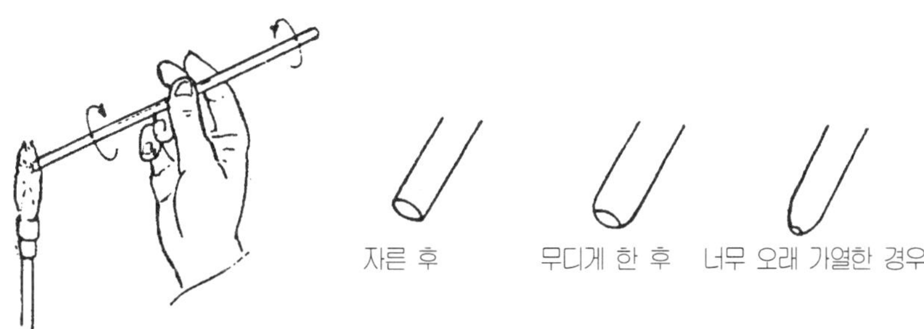

그림 17.3　불로 모서리 다듬기

④ 교반봉 만들기

유리봉을 20cm 정도로 잘라서 불꽃으로 무디게 하든지 샌드페이퍼에 갈아서 무디게 하여 사용한다.

⑤ 유리관 늘이기 및 스포이드 만들기

관의 가열 면적을 넓게 하여 20cm 짜리 유리관을 분젠 버너의 윗 불꽃 속에서 천천히 돌리면서 가열한다. 버너에 불꽃펴기(wing top)를 붙이면 가열면적이 넓어서 길게 뽑을 수 있다. 다음, 유리관을 잡아당기면 가늘고 길게 늘어난다. 유리관이 식은 다음에 가늘게 뽑은 곳을 자르고 끝을 불에 넣어서 양끝을 무디게 한다. 그러나 녹아서 막히지 않게 한다. 굵은 쪽은 불꽃에 가열하여 무르게 한 다음 줄로 눌러서 귀를 만들면 고무를 끼울 수 있다.

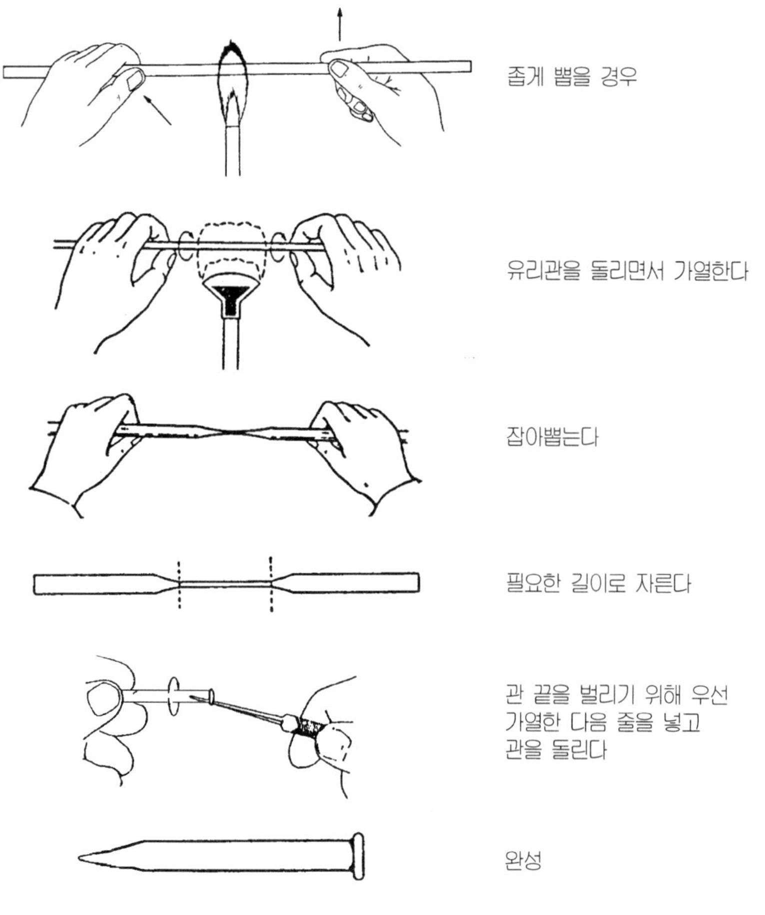

그림 17.4 스포이드 만들기

6 유리관끝 봉하기

유리관이 막힐 때까지 가열하면 유리관의 끝은 뭉툭한 것이 매달린 것과 같이 되고, 심하면 부서진다. 균일한 두께의 유리관을 만들려면 끝에 붙은 덩어리를 조심스럽게 떼어내어야 한다. 먼저 잡아늘인 유리관의 양쪽을 완전히 분리시킨 다음, 그 끝을 분젠 버너 불꽃으로 가열한다. 가열한 유리관 조각이나 막대로 끝에 붙은 덩어리를 떼어내고, 그 유리관을 연하게 한 다음 바람을 불어넣어 끝이 둥글게 되도록 한다.

7 유리관 구부리기

버너에 불꽃펴기를 붙이고, 유리관을 푸른 불꽃 위에서 돌려 폭넓게 가열한다. 유리관이 연하게 되면 꺼내어 필요한 각도로 구부린다. 석면판이나 판자 위에서 구부리면 원하는 각도로 구부리기가 쉽다. 유리관이 충분히 가열되지 않았거나 한쪽만 가열되었을 때, 불꽃 속에서 유리관을 구부릴 때는 유리관이 균일하게 구부러지지 않고 찌그러진다. 안쪽이 찌그러지는 경우가 많으므로, 관을 약간 불면서 구부리는 것이 좋다. 구부린 부분은 구부리지 않은 부분과 같은 굵기와 모양을 유지해야 한다. 가열한 유리관은 실험대 위에 바로 놓지 말고 석면망 위에 놓아야 한다.

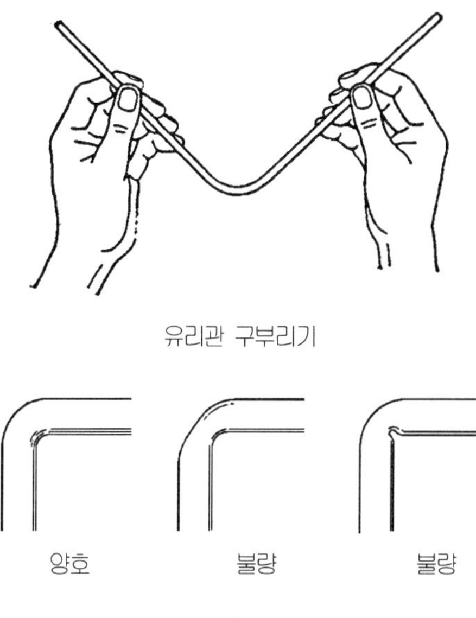

그림 17.5   유리관 구부리기

❽ 유리관 연결하기

같은 굵기의 관은 양쪽 끝을 녹여서 가볍게 밀면서 분다. 다시 작은 불꽃으로 녹이고 불꽃 밖으로 꺼내서 불어, 잡아당기면서 바르게 다듬는다. 굵기가 다른 관은, 굵은 관을 잡아 늘여 붙일 가는 관의 지름에 맞추어 잘라서 녹여 붙인다. 관에 구멍을 뚫은 곳에 다른 관을 직각으로 연결하면 T자 관이 생긴다.

잘못 연결하면 연결된 곳에 구멍이 남아 있게 된다. 이렇게 되면 녹은 유리의 표면장력 때문에 구멍이 점점 커지며, 바람을 불어넣으면 그 구멍으로 새어나가서 좀처럼 T자관이 형성되지 않는다.

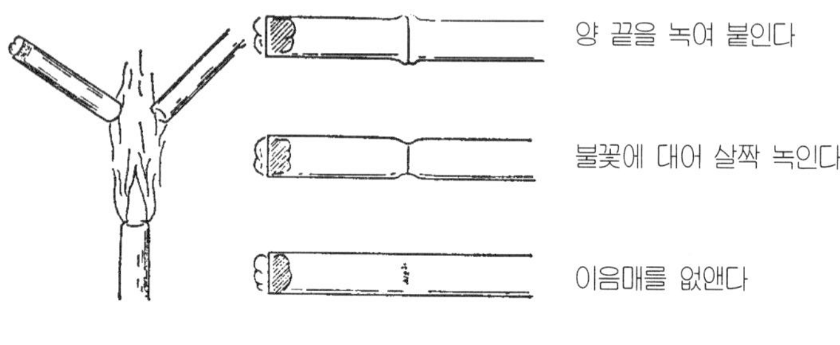

그림 17.6　유리관 연결하기

❾ 유리관에 구멍 뚫기

관의 한쪽 끝을 막고, 구멍을 뚫고자 하는 곳을 강한 불꽃으로 조금씩 분다. 부풀어 오른 부분만을 가열해서 불어 터뜨리면 구멍이 생긴다. 다음, 줄칼 끝을 구멍에 넣고 좌우로 돌리면서 다듬어 준다. 유리관을 가열해 놓고 가는 유리 막대나 관을 붙였다가 잡아당겨도 구멍이 생긴다. 이렇게 해서 생긴 구멍도 나중에 줄칼로 밀어서 손질해 준다.

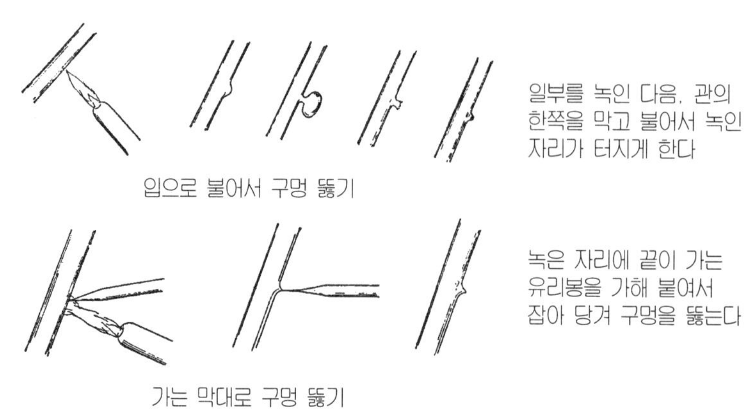

그림 17.7　유리관 구멍뚫기

⑩ 고무마개에 유리관 끼우기

　유리관을 고무마개에 끼울 때는 유리관보다 한 사이즈 더 굵은 구멍뚫이(borer)로 뚫는다. 코르크마개는 반대이다. 고무마개를 실험대에 놓고, 구멍뚫이 끝에는 물이나 글리세린을 묻혀서 수직으로 대고 누르면서 회전시켜 뚫는다. 다른 나무 판때기를 실험대 위에 놓고 그 위에서 조작을 하면 실험대를 상하지 않게 할 수 있다. 그러나, 힘이 들고 잘못하면 다치므로 핸드드릴(hand drill)로 뚫는 것이 편하다. 이때는 밑의 고무가 겉돌지 않도록 하고, 날이 부러지지 않도록 조심해야 한다. 유리관을 고무마개에 끼울 때에는 유리관 끝에 물이나 글리세린을 약간 묻혀서 손을 수건으로 보호하고 누르면서 회전시킨다.

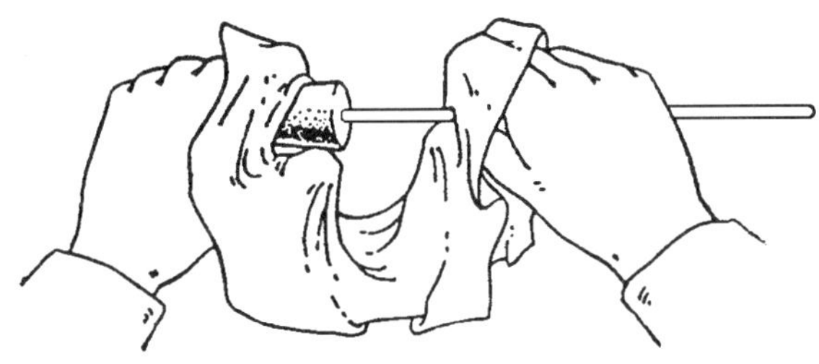

그림 17.8　고무마개에 유리관 끼우기

18. 건 조

(1) 고체의 건조

1 자연건조

습한 결정을 여러 겹의 거름종이 위에 펼쳐, 공기 중에서 자연건조한다. 먼지가 들어가지 않도록 거름종이를 덮어준다.

2 가열 건조장치

보통 60~200°C로 건조시키는 데에는 항온건조기를 많이 이용한다. 이 건조기는 105°C 정도에서 시료나 유리기구에 붙어 있는 수분을 제거하는데 가장 좋다. 유리에 눈금이 있는 부피를 측정하는 기구를 건조할 때는 100°C 이상의 온도로 올려서는 안 된다. 플라스틱 물질을 이 방법으로 가열해서도 안 된다.

전기 정온건조기나 진공건조기를 사용할 때는 결정을 샬레 중에 펼쳐 놓는 것이 좋다. 결정의 융점이나 분해점이 낮은 것, 승화성이 있는 것은 건조온도에 주의한다.

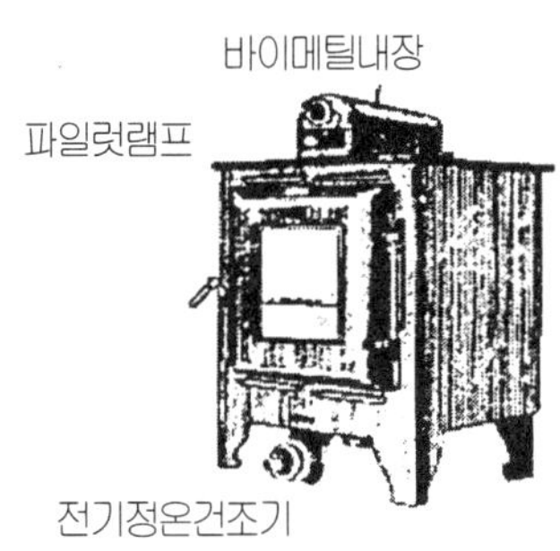

그림 18.1 드라이 오븐

❸ 데시케이터(desicator)에 의한 건조

감압용 진공데시케이터는 아스피레이터로 감압한 다음 코크를 잠그면 건조 속도가 빠르다. 안의 물질을 꺼내려면 코크를 서서히 열어서 공기를 넣은 다음 뚜껑을 열어야 한다. 코크를 급하게 열면 물질이 흩어지거나 터진다.

침전이나 재료의 수분을 제거하거나 건조 상태로 보관하고자 할 때, 건조하거나 가열시킨 물질이 수분을 흡수하지 않고 실온으로 냉각시킬 때에 데시케이터를 이용한다. 데시케이터의 밑부분에 넣는 건조제는 시료에 따라 여러 가지 건조제를 이용할 수 있다. 그러나, 산성물질을 건조시키고자 할 때에는 산성건조제를, 염기성 물질을 건조시키고자 할 때는 염기성 건조제를 사용한다. 요즈음은 물질의 종류에 크게 좌우되지 않고 재사용하기 쉬운 실리카겔을 많이 쓴다. 건조도를 높이려면 진한 황산이나 오산화인을 사용한다. 그러나 이들이 피부에 묻으면 화상을 입으므로 조심한다. 감압데시케이터에 염화칼슘과 같은 건조제를 사용하면 분말이 튀기 때문에 좋지 않다. 데시케이터 건조제로는 염화칼슘, 실리카겔, 진한황산 등을 사용한다. 진한 황산은 수분을 흡수하여 중량이 늘어나므로 데시케이터 내부의 약 1/3 정도만 채운다.

데시케이터 뚜껑은 접촉면에 와셀린을 발라 밀착되도록 한다. 감압 데시케이터 안의 건조물을 꺼내려면 먼저 데시케이터의 코크를 서서히 열고 공기가 들어간 다음 꺼낸다.

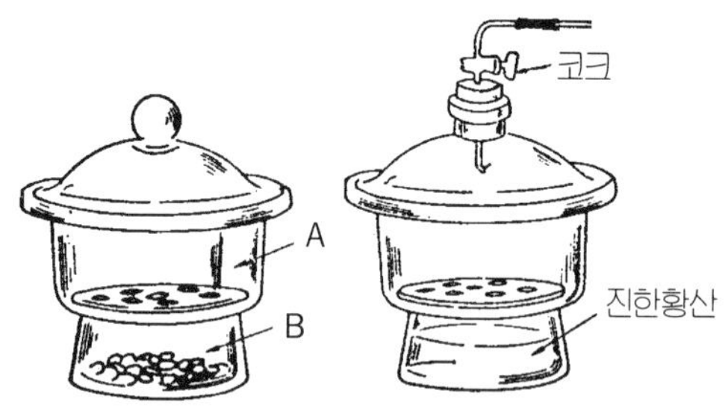

그림 18.2　데시케이터

(2) 액체의 건조

비점이 높은 액체는 증발시키든가, 건조 기체를 불어넣거나, 데시케이터에 넣어 건조시킨다. 물을 소량 함유한 일반 유기용매는 흡습성 물질, 알칼리 금속(물과 반응하기 쉬운 물질), 결정수를 함유한 염 무수물을 가해 탈수한다.

　　액체를 건조하는데 액체 중에 건조제(고체)를 직접 넣기 때문에, 고체 건조시보다 건조제를 잘 선택해야 한다. 적당한 건조제를 택하여 가능한 한 소량 가하여 방치한다. 건조에는 시간이 걸리므로, 하루밤낮 방치하는 것이 좋으나 급할 때는 때때로 흔들어 섞거나, 약간 가온해 주면 좋다. 방치할 때는 마개를 하여 둔다.

　　건조제로는 금속나트륨, $CaSO_4$, Conc·H_2SO_4, $CaCl_2$, $Ca(OH)_2$, Na_2SO_4, CaO, $MgSO_4$, K_2CO_3, $CuSO_4$ 등을 사용하며 산성, 중성, 염기성이 있으므로 서로 반응하지 않는 것을 사용한다.

　　주요 건조제는 표 18.1과 같다.

표 18.1　액체 건조제

건 조 제	적용 가능한 액체	적용할 수 없는 액체	특　　징
무수염화칼슘 ($CaCl_2$)	탄화수소 에테르 할로겐화합물	알코올, 페놀, 알데히드, 케톤, 산, 에스테르, 아민	가장 일반적으로 사용된다. 가격이 싸고, 흡수속도는 느리나 흡수량은 많다.
무수황산나트륨 ($NaSO_4$)	거의 모든 물질		건조력은 낮으나, 적용범위가 넓은 중성 건조제. 32°C 이하에서는 다량의 수분을 흡수할 수 있다.
수산화나트륨 (NaOH) 수산화 칼륨 (KOH)	아민류	산, 페놀, 에스테르, 아미드, 알코올	건조력은 크나, 한정적으로 사용.
산화칼슘 (CaO)	알코올	알데히드, 케톤, 산	흡수속도가 늦다.
금속나트륨 (Na)	에테르 탄화수소	수분이 많은 것, 알코올, 알데히드, 케톤, 산, 에스테르, 아민, 할로겐 화합물	가장 강력한 건조제. 일반적으로는 사용하지 않는다. 미량의 수분을 제거할 때만 사용한다. 취급에 주의.

(3) 기체의 건조

　　기체를 건조시킬 때는 그림 18.3과 같은 여러 가지 관을 사용하여 적당한 건조제를 넣고 양끝을 유리 섬유로 막은 후 기체를 관속으로 통과시킨다. 이때 주의할 것은 통과하는 기체가 관 속에 있는 건조제와 반응하거나 흡수해서는 안된다. 그러므로 통과하는 기체의 종류에 따라 관속에 채울 건조제를 달리하여야 하는데 표 18.2를 참고한다.

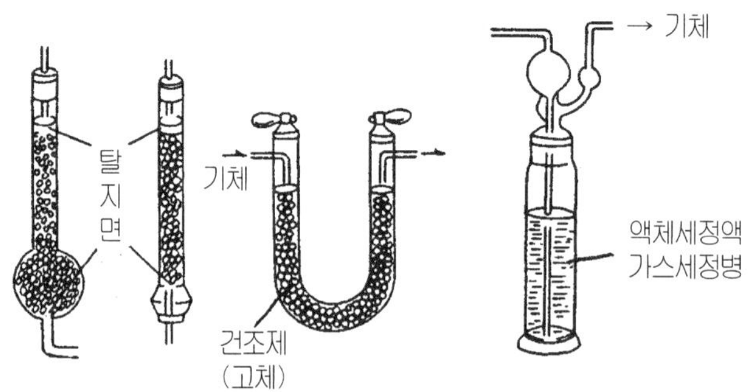

그림 18.3   기체건조장치

표 18.2   기체 건조제

건조시킬 기체	사용하는 건조제
수소, 산소, 염소, 이산화황, 이산화탄소, 염화수소	염화칼슘, 진한황산
에틸알코올, 메틸알코올	산화칼슘
에테르, 탄화수소	염화칼슘
아민류	수산화나트륨
에스테르, 아세톤, 클로로포름	탄산칼슘
벤젠, 에테르	금속나트륨

19. 증발 및 농축

(1) 증 발

용액을 끓는점 이하의 온도에서 가열하여 농축시키는 것을 증발이라고 한다. 증발은 자기제 증발접시, 비커, 플라스크, 석영 또는 백금접시 등에 용액을 넣고 물중탕, 수증기중탕, 모래중탕, 저온열판, 방열기(radiator) 등으로 온도를 가하며 갑자기 끓지 않도록 해야 한다.

그림 19.1은 다량의 용액을 증발시킬 때에 쓰며, 그림 19.2와 같은 방열기는 버너로 바깥 도가니를 강열하여 니켈 도가니에 들어 있는 액체를 끓이지 않고 빨리 증발시킬 때 쓴다.

용액 중의 용매를 증발시키는 데는 증발접시를 사용한다. 끓일 필요가 없으면 비등점 이하의 온도에서 가열 증발시킨다. 수용액은 수욕 위에서 서서히 증발시킨다.

에테르나 알코올 같은 인화성 물질은 불을 끄고 증발시켜야 한다.

증발이 계속되면 용액 중의 물질이 결정이 되어 표면에 엷은 피막이 생겨 증발이 느려지므로 유리막대로 가끔 피막을 깨뜨려 준다. 액량이 매우 줄어들면 용액을 증발접시에 넣어 데시케이터에 넣어 둔다.

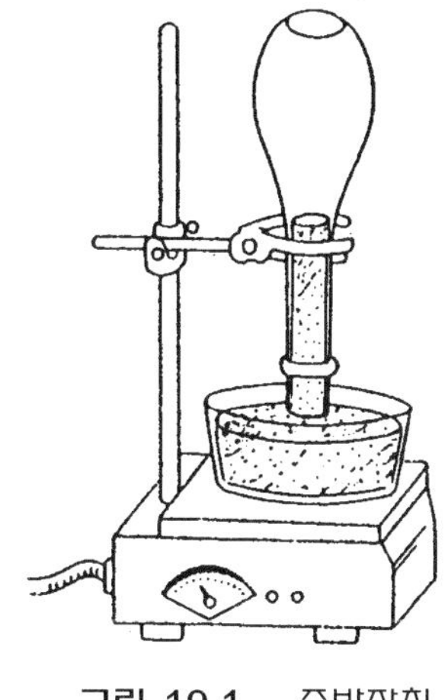

그림 19.1 증발장치

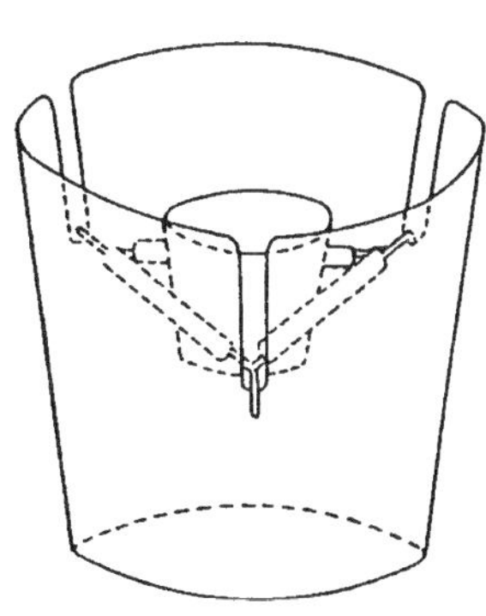

그림 19.2 방열기

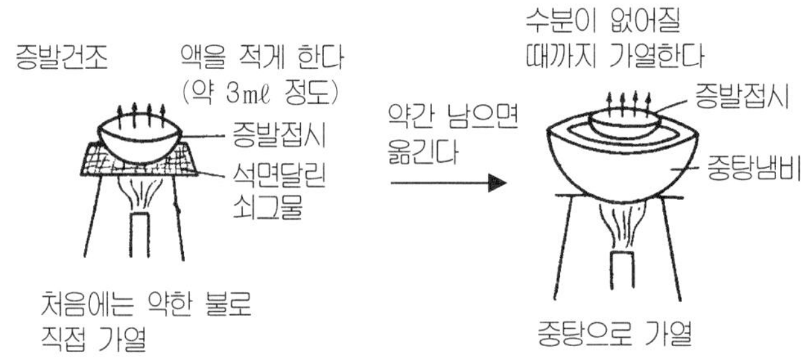

그림 19.3   증발 건조

(2) 농 축

용액의 체적이 불어난다든가 또 너무 묽다든지 하여 실험 조작상 취급하기 어려운 경우에는 다음과 같은 방법으로 용액을 농축한다.

가열 중탕은 100°C 이하는 물중탕이 좋으며, 100～300°C는 기름 중탕, 황산 중탕, 글리세린 중탕, 파라핀 중탕, 공기 중탕, 모래 중탕 등이 쓰이고, 에테르나 알코올 같은 인화성이 있는 물질은 증기 중탕, 금속 중탕, 전열 수증기 중탕 등이 좋다.

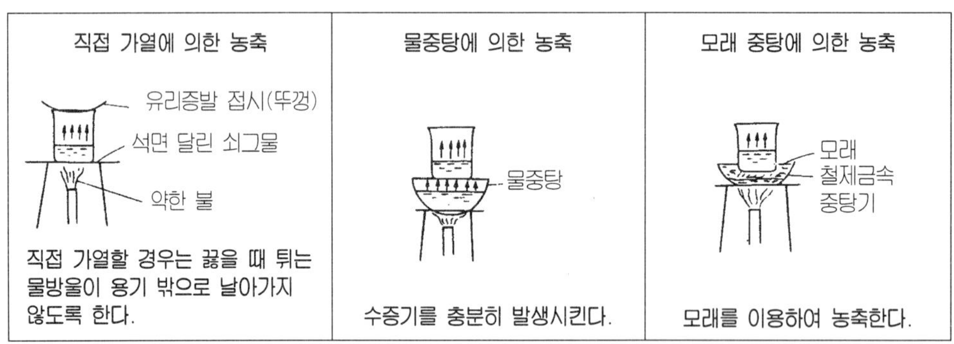

그림 19.4   농 축

20. 증 류

끓는점 차이를 이용하여 두 물질을 분리하는 것을 증류라 한다.

간단한 상압 증류장치는 가지 달린 둥근바닥 플라스크를 사용하여 열의 전달이 쉽도록 하고, 비등석을 넣어 돌비를 막는다. 저온물질에는 목이 긴 플라스크, 고온물질에는 목이 짧은 플라스크가 적당하며, 클라이젠 플라스크는 감압증류에 주로 사용한다. 질산염을 분해하여 암모니아를 증류 제조할 때는 킬달 플라스크를 쓴다.

냉각기는 리비히 냉각기가 가장 많이 사용되며, 안쪽 관을 증기가 통과하고 바깥쪽 관을 물이 통과하면서 속의 증기를 냉각시킨다. 비등점이 150℃ 이상인 액체는 공기냉각으로 충분하므로 바깥 관에 물을 흘릴 필요가 없다. 200℃ 이상의 액체일 때는 공기냉각기도 필요 없고, 가지가 긴 플라스크를 사용하면 된다. 인화성 물질을 증류할 때는 딤로오드 냉각기(Dimroth condenser)를 세로로 장치하여 증류하는 것이 좋다.

일정한 온도를 유지하기 위하여 비등점이 80℃ 이하인 액체의 증류에는 물중탕을 쓰고, 80~150℃ 짜리에는 기름 중탕을 사용하며, 가열 망태기(heating mantle), 모래 중탕(sand bath) 등도 사용한다.

비등점이 높은 물질이나 유기화합물은 플라스크 내의 압력을 낮추어 낮은 온도에서 증류한다. 간단한 감압 증류장치는 비등석 대신에 모세관으로 기포를 보내 주고 모세관 윗부분에 고무관과 핀치코크를 달아 들어가는 공기의 양을 조절한다.

증류를 마칠 때 주의할 점은 먼저 가열장치를 제거하고 모세관 윗부분의 핀치코크를 열고 압력제의 코크를 천천히 연 다음 안전병과 다른 장치의 연결 고무관을 떼고 감압장치를 끄도록 하여 압력 차에 의한 역류현상을 방지해야 하는 일이다.

물과 섞이지 않는 액체를 저온에서 증류하려고 할 때는 수증기 증류장치를 사용한다. 이 방법은 증류액 속으로 수증기를 통과시켜 수증기와 함께 유출되어 나오는 것을 식혀서 모은다. 이렇게 모은 혼합액을 분액깔때기에 넣어 목적으로 하는 액체만 얻는다.

(1) 상압 증류

증류하려는 액을 플라스크 용량의 $^1/_3 \sim ^1/_2$ (크기) 정도 넣는다. 너무 많이 넣으면 액이 가지로 넘쳐 나온다. 돌비하는 것을 방지하기 위하여 비등석을 가한다. 증류의 초기에는 휘발성의 불순물이 증류되므로, 처음에 증류되어 나오는 증류액은 내 버리는 것이 좋다.

열은 처음에는 강하게 하고, 끓기 시작하면 끓는 정도에 따라 차츰 약하게 가열한다. 증류 끝에는 비등점이 높은 불순물이 증류되어 나오므로 플라스크에 액이 조금 남아 있을 때 증류를 중지한다.

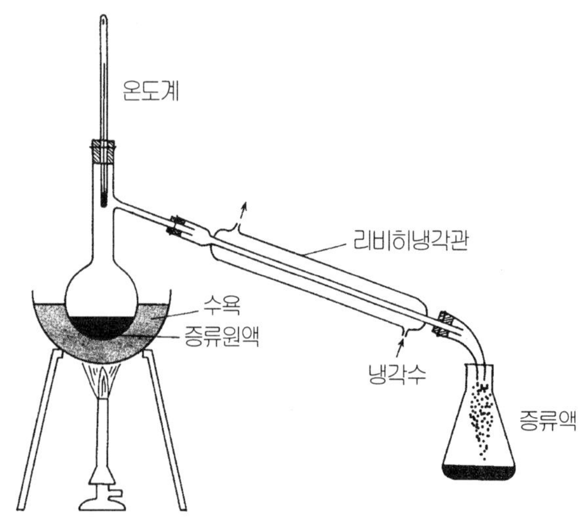

그림 20.1   상압 증류

(2) 감압 증류

대부분의 유기 화합물은 높은 온도로 끓이면 분해하거나 산화되며, 불순물이 들어 있으면 더 심하다. 그러나 감압 증류하면 온도가 낮으므로 분해를 막을 수 있다. 비등석 대신에 모세관을 사용한다. 용액을 넣고 마개를 하고, 기체가 새지 않는가 압력계로 조사한 후 아스피레이터를 열어서 감압하면서 가열한다. 증류를 마칠 때는 버너의 불을 끈 다음 가열 그릇을 밑으로 내리고 모세관의 윗부분의 코크를 천천히 열고 압력계의 코크를 가만히 연 다음 안전병과 다른 장치의 고무관의 연결을 떼고 아스피레이터를 잠근다.

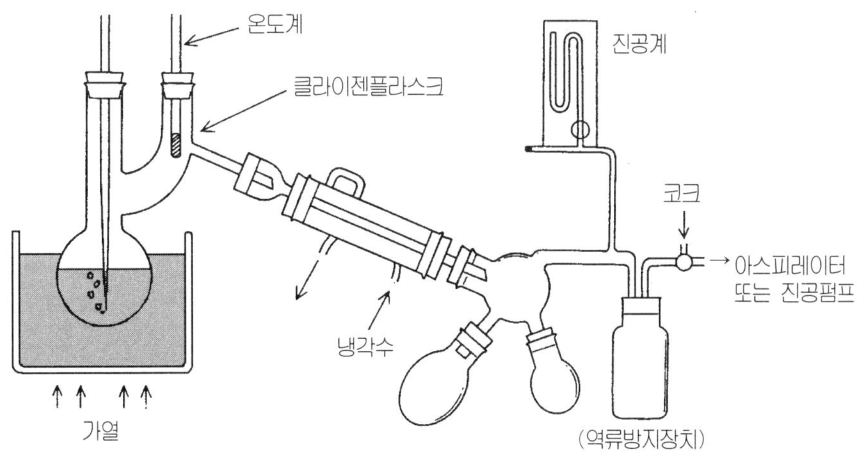

그림 20.2   감압 증류장치

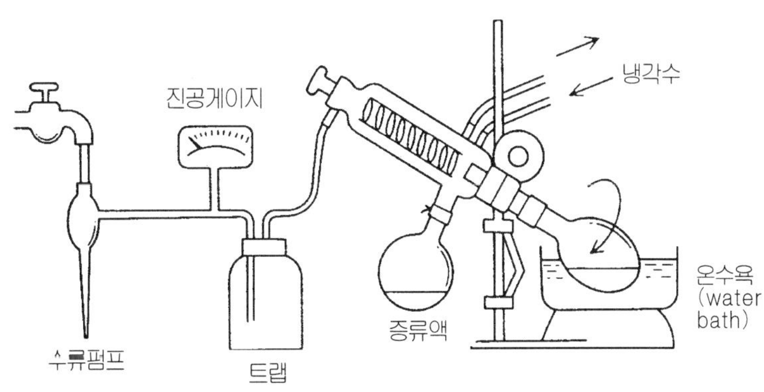

그림 20.3   회전진공 증발기

(3) 수증기 증류법

물과 섞이지 않아서 물과 두 액층을 이루는 액체는 저온에서 수증기 증류한다. 이 방법은 증류하려는 액체 중에 수증기를 통과시켜 수증기 속으로 증발된 액체를 식혀서 모은다. 모으는 그릇에는 물과 유출액이 두 층으로 모아진다.

모은 것은 분액 깔때기에 넣고 잘 흔들어두면 물층과 유출물 층으로 나누어진다. 코크를 열어서 경계면까지 액체를 내려오게 한다. 이렇게 하면 물보다 가벼운 물질은 분액 깔때기 속에 남고 물만 밑으로 흘러내리므로 쉽게 두 층을 분리할 수 있다.

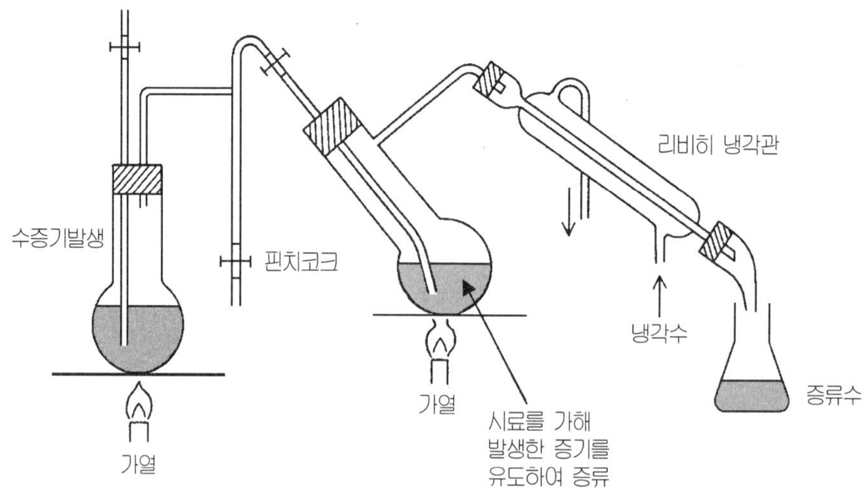

그림 20.4　수증기 증류장치

21. 거르기 (여과)

다공성 막이나 층으로 기체나 액체중의 고체 입자를 분리하는 것을 거르기라 한다. 화학 실험에서는 거르기 종이를 사용하며, 자연 거르기, 흡입 거르기(감압 거르기), 보온 거르기(가열 거르기) 등이 있다. 실험목적에 따라 적당한 거르기 종이를 선택한다.

(1) 거르기 종이

거르기 종이에는 태웠을 때 회분의 양이 많고 일정하지 않은 정성거르기 종이와, 회분 함량 0.3mg 이하이며 평균량이 일정한 정량거르기 종이가 있다. 거르기 종이는 번호가 높을수록 간격이 미세하여 미세한 입자가 분리되지만 반대로 거르기 속도는 느리다.

표 20.1 거르기 종이

용 도		東洋 거르기 종이 번호	특 징
정 성 분석용	일반 정성용	No.1	조직이 거칠어서 거르기 속도는 빠르나 미세한 침전은 통과한다.
	표준 정성용	No.2	No.1보다 침전의 유지력이 크며, 부흐너 깔때기에 적합하다.
정 량 분석용	신속 정량용	No.5A	정량용 중 거르기 속도가 가장 빠르고 큰 침전의 거르기에 적합하다.
	일반 정량용	No.5B	정량용 중 거르기 속도, 침전 유지력, 회분 함량은 중간 범위로, 광범위한 정량분석에 쓰인다.
	No.6	No.6	No.5보다 얇고 회분이 적다. 침전 유지력은 No.5B보다 좋다.
크로마토그래피용		No.50	정제한 섬유로 만든다.

(2) 깔때기

깔때기에는 여러 가지가 있지만 다리가 긴 깔때기나 줄쳐진 깔때기가 좋다. 결정이 빨리 생기는 용액은 다리 없는 깔때기를 쓰기도 한다. 깔때기의 거르기 종이 다리에 흘러 내려간 거르기액의 무게 때문에 용액을 밑으로 빨아 당기게 되어 거르기 속도가 빨라진다. 깔때기의 거르기 종이에 접한 면은 용액이 밑으로 빠져나가기 힘들지만 줄쳐진 깔때기는 공간이 형성되므로 속도가 빠르다. 깔때기 고정에는 거르기대를 쓴다. 거르기대는 스탠드의 링에 고무관을 감은 것, 비커에 직접 걸치는 깔때기걸이, 굵은 철사를 구부려서 만든 것 등이 있다.

(3) 거르기 종이 접기

거르기 종이는 목적에 따라 골라 사용하며, 종이의 크기는 깔때기 크기보다 작아야 한다. 흡입 거르기 종이는 구멍판이 완전히 덮일 수 있는 크기여야 한다.

거르기 종이는 4절로 접어 원추형으로 벌려서 끼우는 방법과 유효 면적을 크게 하기 위해서 거르기 종이를 접은 주름 거르기 종이를 사용하는 방법이 있다. 깔때기에 선이나 주름을 넣은 것도 있다. 주름 거르기 종이는 표면적이 넓어서 거르기 속도가 빠르다.

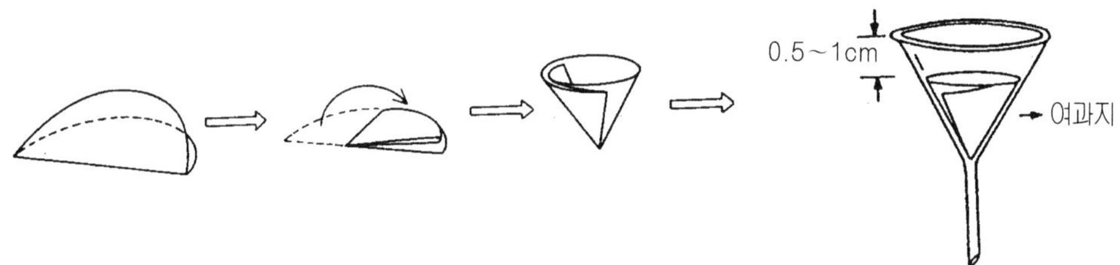

그림 21.1 거르기 종이 접기 및 끼우기

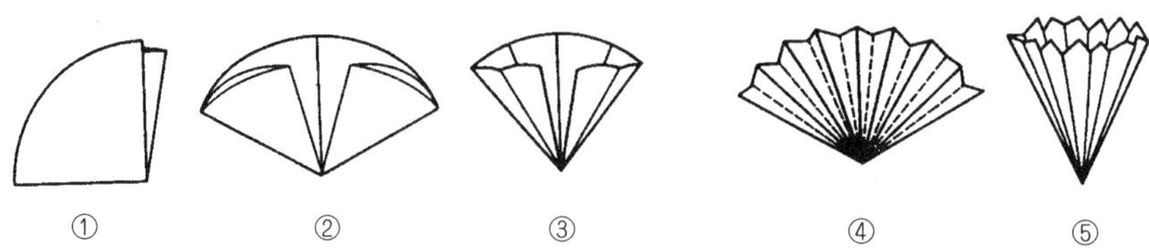

그림 21.2 거르기 종이 주름접기

(4) 자연거르기

거르기 종이는 깔때기 위에 놓고 증류수로 적셔서 밀착시켜야 한다. 가라앉은 침전을 흔들어 섞어서 가하면 안 되고, 맑은 부분만 먼저 가하여 걸러진 다음 침전을 세척액으로 여러 번 씻어서 거르기 종이로 옮긴다. 침전이 거르기 종이 높이의 반 이상 올라가면 안 되고, 거르기 종이의 윗끝은 깔때기의 윗끝보다 0.5~1cm 정도 낮아야 한다. 뜨거운 용액은 점도가 찬물보다 낮으므로 거르기속도가 빠르다. 그러나 침전의 용해도가 크다. 그러므로 $Fe(OH)_3$과 같은 난용성 침전은 뜨거운 상태로 거를 수 있으나, 높은 온도에서 용해도가 큰 $MgNH_4 \cdot 6H_2O$ 같은 침전은 식혀서 걸러야 한다.

처음에는 거르기 속도가 빠르지만 이윽고 침전이 거르기 종이 틈에 끼어서 공간을 막으므로 속도가 느려진다. 그런 경우는 거르기 종이를 바꾸어야 한다. 그러나, 전분이나 풀과 같은 물질은 거르기 종이를 막아서 거르기를 할 수 없다.

그림 21.3 거르기

(5) 흡인 거르기

보통 거르기로 거르기 어려운 침전이나, 많은 액을 단시간에 거르려면 흡인 거르기한다. 그러나, 감압하면 거르기 종이가 찢어질 수 있으므로 부흐너 깔때기를 사용하거나, 필터나 깨끗한 헝겊을 대고 사용한다.

부흐너 깔때기는 거르기 종이를 거르기판에 맞도록 잘라서 올려놓고(사이즈에 맞는 제품이 많다) 아스피레이터로 빨아들이면서 걸러야 할 액체로 약간 적시면 거르기 종이는 판 전체에 달라붙는다.

소량의 침전과 액체를 흡입 거르기하는 데는 거르기병에 고무마개를 하고, 유리 거르기판(glass filter)을 꽂은 다음 거르기 종이를 거르기판보다 약간 크게 잘라 올려놓고 부흐너 깔때기와 같이 거르기한다.

보통 깔때기는 흡인병을 고무마개로 막고 깔때기를 끼운 다음 아스피레이터로 빨아들이면서 거른다. 흡인 거르기를 오래 하면 수돗물이 역류하는 일이 있으므로 중간에 안전병을 넣는다.

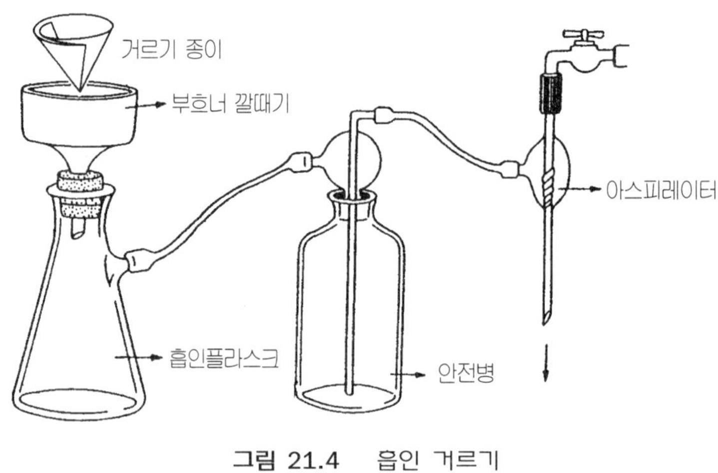

그림 21.4   흡인 거르기

(6) 보온 거르기(가열 거르기)

용액이 식으면 결정이 되는 물질은 용액이 식지 않게 보온하면서 거르기해야 한다. 보온 거르기에는 보통 구리제의 보온깔때기에 유리깔때기를 끼워 사용하며, 주름 거름종이를 사용한다.

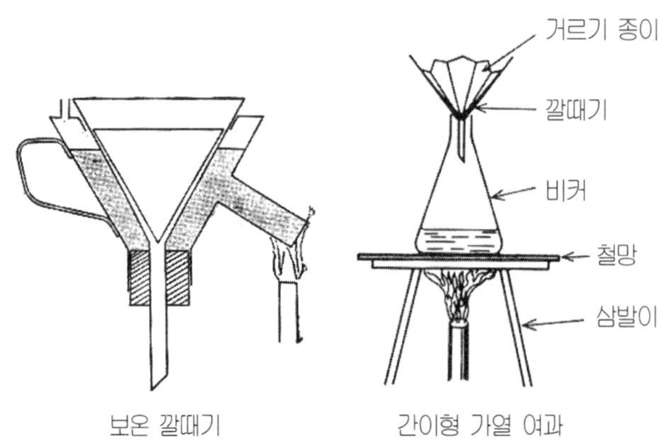

그림 21.5   가열 거르기

22. 원심 분리법

(1) 원 리

고체와 액체를 빨리 분리하는 데는 원심 분리기를 사용한다. 원심분리기는 전기 모터의 힘으로 시험관이나 셀(cell)을 회전시켜서 중력의 수배·수백 배의 힘으로 침전속도를 빠르게 하는 방법이다. 침전은 원심력으로 시험관이나 셀 바닥에 모아진다. 원심분리 후 침전이 목적이면 용액은 버리고, 용액이 목적이면 용액은 회수하고 침전은 버린다.

원심분리법은 표 22.1과 같은 방법이 있으며, 목적에 따라 선택한다.

표 22.1 원심 분리법의 종류

1) 일반 원심분리법 (분별 원심분리법, differential centrifugation)
   시료용액만을 원심분리한다. 용질입자가 용매보다 무거울 때는 침전이 되고, 가벼울 때는 뜬다.
2) 밀도기울기 원심분리법(density gradient centrifugation)
   ① 미리 만든 밀도기울기 위에 시료 용액을 올려서 원심분리히는 방법. 용질입지기 같은 밀도의 용매 기울기에 도달할 때까지 원심분리하며, 밀도로 분리하는 방법과 그 전 단계에서 원심분리를 그치고 주로 침강속도로 분리하는 방법이 있다.
   ② 원심력으로 밀도기울기할 수 있으며, 용질입자가 용질입자와 같은 밀도의 용매 기울기 위치에 모이게 하는 원심분리법(염화세슘 밀도기울기 평형원심분리법 등)이다.

로터에 따라 다르지만 25,000rpm 이상은 공기마찰로 발열하므로, 진공으로 하거나 냉각장치가 붙어 있다. 냉각장치가 붙은 것은 고속냉각 원심분리기라고 한다. 4,000rpm 이하에서만 사용하는 저속 원심분리기, DNA 재조합 등에 사용하는 마이크로튜브용 원심분리기 등 표 22.2와 같이 여러 가지가 있다.

표 22.2 원심분리기의 종류

1) 보통 원심분리기
 ① 보통 고속(냉각) 원심분리기(25,000rpm 이하)
 ② 저속 원심분리기 (4,000rpm 이하)
 ③ 소형 원심분리기 (마이크로 튜브 전용 등)
 ④ 기타 (헤마토크리트 원심분리기 등)
2) 초원심 분리기 (진공펌프 부착)
 ① 보통 초원심 분리기 (최고 40,000~85,000rpm, 원심분리관의 용량 4~60mℓ)
 ② 소형 초원심 분리기 (최고 100,000~120,000rpm, 원심분리관의 용량 0.2~5mℓ)

(2) 로 터

로터는 크게 스윙형 로터와 앵글로터가 있다. 스윙형 로터는 셀이 원심력방향으로 수직으로 움직이고, 앵글로터는 셀이 원심력에 경사진 각도로 고정되어 있다. 고속원심분리에는 앵글로터를 사용하며, 저속원심분리에는 스윙형 로터를 사용한다. 수직로터는 셀이 원심력과 90도 방향으로 배치된다.

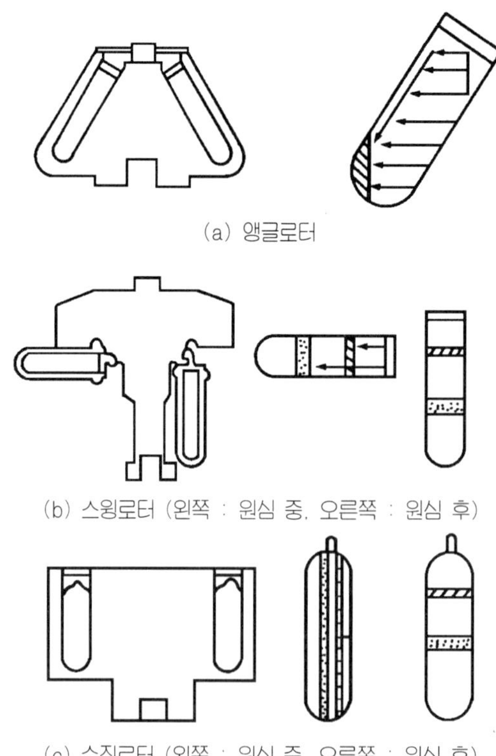

(a) 앵글로터

(b) 스윙로터 (왼쪽 : 원심 중, 오른쪽 : 원심 후)

(c) 수직로터 (왼쪽 : 원심 중, 오른쪽 : 원심 후)

그림 22.1   로 터

(3) 원심분리관 (셀)

셀에는 유리, 플라스틱, 스테인레스 스틸제가 있다. 유리는 화학약품에 대한 내성이 강하지만 원심력이 높으면 깨지므로 저속에서만 사용한다. 플라스틱은 폴리에틸렌, 폴리프로필렌, 폴리스티렌, 몰리애로머, 폴리카보네이트, 니트로셀룰로오스, 셀룰로오스아세테이트, 부틸아세테이트 등이 있다. 그래서 유기용매에 녹는 것이 있다. 스테인레스스틸은 가장 강인하다. 셀은 그림 22.2와 같이 여러 가지 형이 있다.

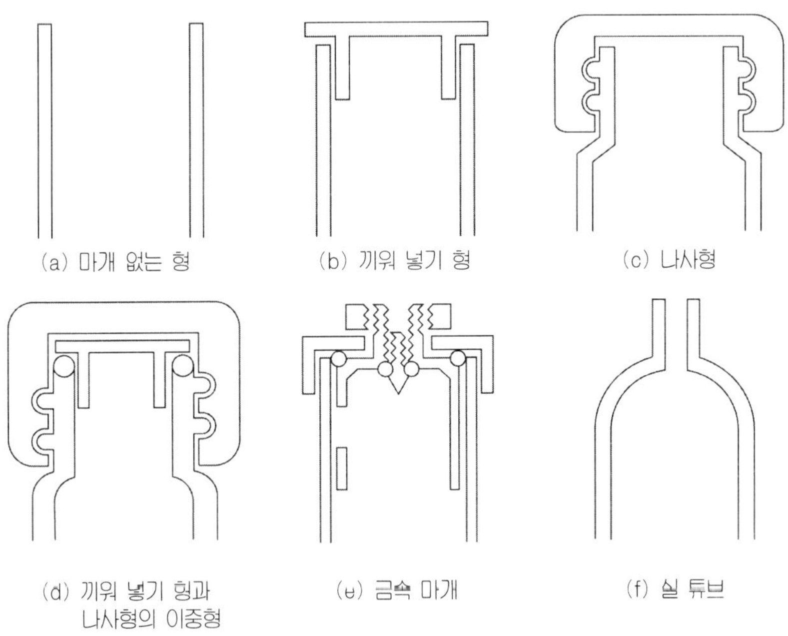

그림 22.2 원심분리관의 종류

셀 중에는 뚜껑이 있는 것도 있고 없는 것도 있다. 뚜껑이 없는 것을 앵글 로터에 사용할 때는 1/3 이상 남겨 놓아야 넘지 않는다. 그러나 스윙형 로터에서는 관계없다. 뚜껑이 있는 것은 그런 걱정할 염려는 없으나, 주둥이가 몸보다 작은 것은 침전을 회수할 때 목이 좁아서 힘들다.

(4) 원심력과 침강속도

원심력의 가속도와 침강속도는 다음 식과 같다.

$$원심력의 \ 가속도(\times g) = 1.12 \times 10^{-5} \times 회전중심에서의 \ 거리(cm) \times 회전속도 \ 2(rpm)$$

$$침강속도(cm, \ hr) = 3.53 \times 10^{-7} \times 침강계수(S) \times 원심력의 \ 가속도(g)$$

이 식으로 로터의 반경으로 회전력에 따른 원심력을 계산할 수 있고, 이를 통해 몇 분이나 원심분리해야 할 것인가 계산할 수 있다. 그러나, 일일이 계산하기 번거로우므로 그림 22.3의 원심력 조견표를 사용한다. 사용법은 자를 대고 점선과 같이 선을 연결하면 회전속도에 따른 원심력을 알 수 있다.

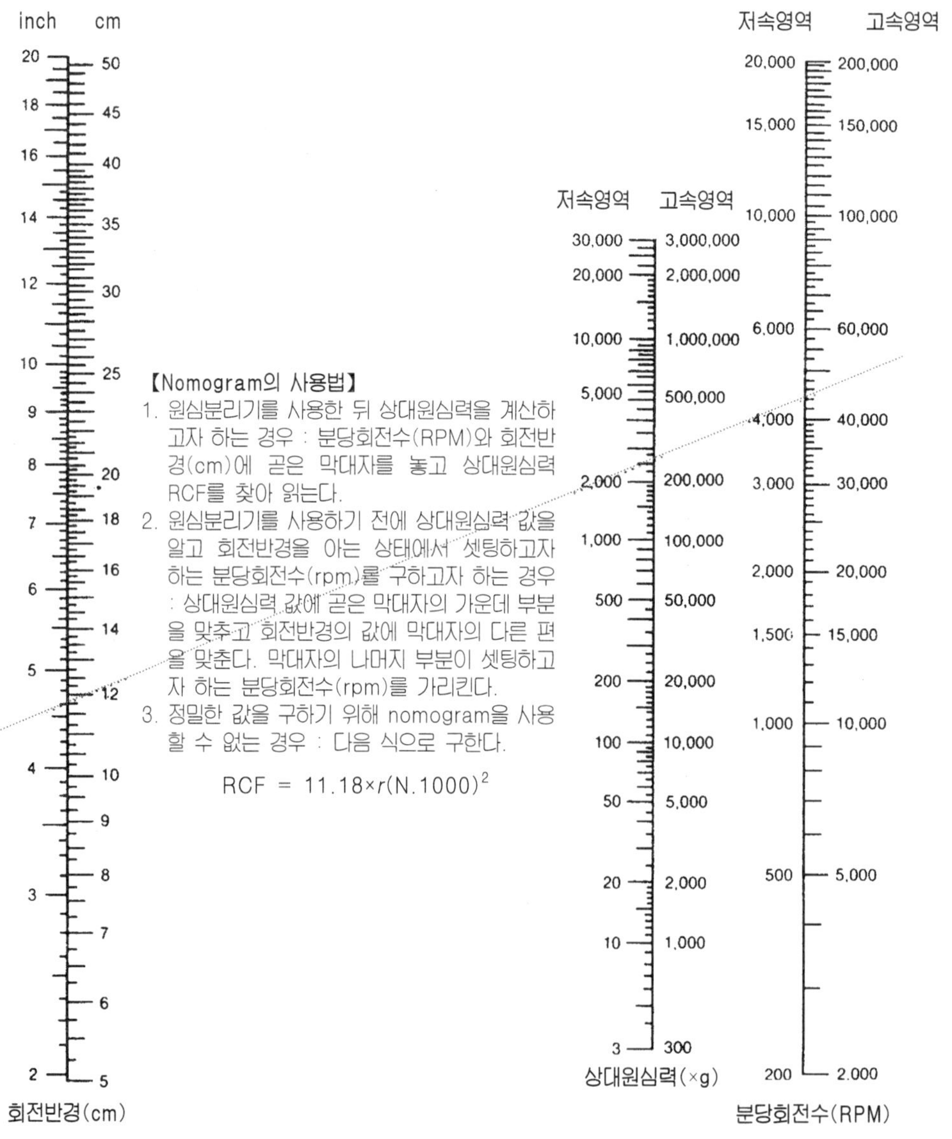

그림 **22.3** 회전반경 및 회전수에 따른 원심력 조견표

(5) 방 법

① 원심분리용 시료는 접시저울에 한 쌍을 올려놓고 양쪽 무게가 대칭이 되게 용액을 가한다. 이때, 셀 뿐 아니라 셀의 케이스, 셀의 마개도 함께 올려놓아 무게가 대칭이 되게 한다.

② 로터에는 시료가 일직선상의 대칭이 되도록 넣는다. 그리고 반드시 로터 뚜껑을 닫고 잠근다.

③ 속도와 시간을 설정하고 원심분리기 뚜껑을 잘 닫고 스위치를 올린다.

④ 자동화된 원심분리기는 신경 쓸 필요가 없으나 구식과 수동식 원심분리기는 속도를 처음부터 올리면 안 되고 손으로 조절하여 속도를 천천히 올린다.

⑤ 로터에 좌우 비대칭으로 셀을 넣든지 셀의 무게가 서로 다르면 회전속도가 빨라질수록 요란한 소리가 나고, 급기야 원심분리기 휠이 휘거나 부러져서 로터가 튕겨 나온다. 튀어나온 원심분리기는 고속으로 회전하고 있기 때문에 날아다니고 튕기면서 주변의 것들을 모두 파괴한다. 사람이 옆에 있으면 생명이 위험하므로 조금이라도 소리가 이상하면 스위치를 바로 내려서 꺼내어 살핀다.

⑥ 회전하는 동안 원심분리기의 로터에 손을 대면 다친다. 멈추는데 오래 걸린다고 손을 대어 갑자기 원심분리기를 멈추게 하면 침전이 일어나서 흩어져서 나시 원심분리해야 하므로 완전히 정지한 다음 셀을 꺼낸다.

⑦ 원심분리가 끝나면 셀을 잘 씻어서 놓는다.

⑧ 원심력이 지나치게 강하면 시험관이 깨지므로 원심분리용 셀을 사용한다.

23. pH 측정법

(1) 원 리

pH는 수소이온농도로서 pH1에서 14까지 있다. 이 수치는 수소이온농도의 -log 값이다. 즉, pH 1은 수소이온 농도가 10^{-1}M (1/10M), pH 2는 10^{-2}M (1/100M)을 의미한다.

pH는 간단하게는 pH마다 변색 색도가 다른 pH 시험지를 통하여 알아볼 수 있다. 그리고 일정 pH에서 색상을 달리 하는 표 23.1의 여러 가지 지시약을 통하여서도 알 수 있다. 그러나, pH 시험지는 간이적인 방법이고, 지시약은 주로 적정에 사용한다. 가장 정확한 것은 전극을 사용하는 전기적 pH 측정장치인 pH 미터로 가장 간단하고 신속하게 pH 전역을 측정할 수 있고, 산화성 및 환원성의 물질이나 비수용액(nonaqueous solution)뿐만 아니라 착색된 용액의 pH도 측정할 수 있다.

(2) 기구 및 시약

pH 미터, 온도계(100°C), 아세트산, 진한 암모니아수, 0.1M 염산, 0.1M 수산화나트륨, 브로페놀린 0.0(0.1g/100mℓ 물), 인니코카아민(0.25g/50% 에딜알코올 100mℓ), 알리자린옐로우 R(0.1g/100mℓ 물)

(3) 방 법

■ 예비 실험

아세트산과 진한 암모니아수를 2mℓ씩 2개의 비커(100mℓ)에 따로 취해 아세트산에는 증류수 30mℓ, 암모니아수에는 26mℓ씩 가하여 1M 아세트산과 암모니아수를 만든다. 피펫으로 1M 아세트산과 암모니아수를 4 : 1, 3 : 2, 2.8 : 2.2, 2.6 : 2.4 2.5 : 2.5, 2.4 : 2.6, 2.2 : 2.8, 2 : 3, 1 : 4의 비율로 9개의 시험관(10cm×1cm)에 넣고 리트머스액을 한 방울씩 떨어뜨려 생긴 색을 관찰한다.

❷ 지시약에 의한 pH 측정

지시약은 표 23.1과 같은 것들이 있으며 적정에 주로 사용된다.

표 23.1 지시약

pH 범위	지 시 약	변 색	조 제 법
0.0~1.6	Methyl violet	황색 → 청색	0.05% 수용액
1.2~1.8	Thymol blue	적색 → 황색	21.5mℓ 0.001M NaOH액에 0.1g 용해. 225mℓ 물첨가
1.2~4.0	Benzopurin 4B	보라 → 적색	20% 알코올 용액
3.1~4.4	Methy orange	적색 → 등황	0.01% 수용액
3.0~4.6	BromoCresol blue	황색 → 청자	수용액에 NaOH 소량 첨가
3.0~5.0	Congo red	보라 → 적색	0.1% 수용액
3.8~5.4	Bromo Cresol green	황색 → 청색	14.3mℓ 0.01M NaOH 용액에 0.1g용해. 225mℓ 물첨가
4.8~6.0	Methyl red	적색 → 황색	60mℓ EtOH에 0.02g 용해. 40mℓ 물 첨가
4.8~6.4	Chlorophenol red	황색 → 적색	23.6mℓ 0.01M NaOH용액에 0.1g 용해. 225mℓ 물첨가
5.2~6.8	Bromo Cresol purple	황색 → 적자	18.5mℓ 0.01M NaOH용액에 0.1g 용해. 225mℓ 물첨가
5.0~8.0	Litmus	적색 → 청색	0.1% 수용액
6.0~7.6	Bromo Cresol blue	황색 → 청색	16.0mℓ 0.01M NaOH용액에 0.1g용해. 225mℓ 물첨가
6.4~8.0	Phenol red	황색 → 적색	28.2mℓ 0.01M NaOH용액에 0.1g용해. 225mℓ 물첨가
8.0~9.6	Thymol blue	황색 → 청색	50mℓ EtOH에 0.03g 용해. 40mℓ 물 첨가
8.0~9.6	Phenolphthalein	무색 → 적색	50mℓ EtOH에 0.05g 용해. 40mℓ 물 첨가
8.3~10.5	Thymolphthalein	무색 → 청색	50mℓ EtOH에 0.04g 용해. 40mℓ 물 첨가
10.0~12.0	Alizarin yellow R	황색 → 적황	0.01% 수용액
11.4~13.0	Indigo carmine	청색 → 황색	50% 알코올 용액
12.0~14.0	Trinitrobenzene	무색 → 등색	70% 알코올 용액

가. 산성 용액

10M, 1.0M 0.1M, 0.01M, 0.001M 염산용액 10mℓ를 네 개 만든다. 즉 10M 짜리 10mℓ를 먼저 만들고, 그중 1mℓ를 시험관에 취하고 증류수 9mℓ를 가하면 1/10배씩 희석해 나갈 수 있다. 한 벌에는 트로페올린0.0(tropaeoline 0.0)지시약을, 한 벌에는 메틸오렌지 지시약을 한 방울씩 떨어뜨리고 섞은 다음 색깔을 관찰한다.

나. 염기성 용액

10M, 1.0M 0.1M, 0.01M, 0.001M 수산화나트륨 용액 10mℓ 짜리를 네 개씩 만든다. 한 벌에는 인디고카민(lndigo carmine), 한 벌에는 알리자린옐로우 R(alizarine yellow R)을 한 방울씩 가하여 색깔을 관찰한다. 착색된 표준용액들은 보관한다.

(4) pH시험지에 의한 측정

　pH 시험지는 pH 지시약을 여과지에 흡수시킨 것으로 지시약과 같이 용액의 pH에 따라 변색한다. 용액을 pH 시험지에 한 방울 떨어뜨리거나, 용액 속에 시험지의 끝을 담그고 변색한 색깔의 중앙부의 색깔과 표준 변색표(시험지와 변색범위의 색깔과 pH 의 관계를 각각 나타낸 표)의 색깔을 비교하여 pH를 결정한다. 실제로 측정하는 데는 용액의 pH가 변색범위에 들어가도록 하여 실험을 한다. 쉽게 구할 수 있는 야채나 과일(오렌지, 사과, 토마토, 당근, 무, 감자 등) 또는 청량음료수(사이다, 콜라, 우유), 밭이나 논의 흙에 대해서도 pH 시험지로 pH를 잰다. 검체가 흙일 경우에는 약 1g을 시험관에 넣고 약 5㎖의 증류수와 함께 흔든 다음 위의 맑은 용액에 대하여 실험한다.

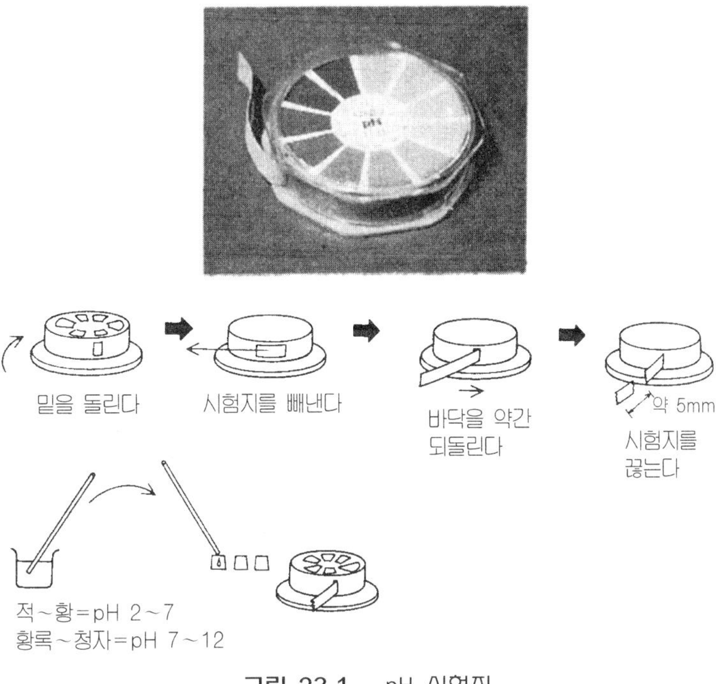

그림 23.1　pH 시험지

(5) pH미터에 의한 측정

　pH 미터는 지시전극(indicator electrode)과 기준전극(reference electrode)을 용액에 담가 전위차로 pH를 잰다. 지시전극은 용액의 pH의 변화에 비례하여 전위가 변한다. 여기에는 퀴히드린전극, 안티몬전극, 유리전극 등이 있으나 일반적으로 유리전극이 많이 쓰인다. 표준 기준전극은 수소전극(hydrogen electrode)이지만 사용하기가 불편하므로 유리전극의 내부전극과 같은 종류, 같은 조성을 가진 칼로멜 전극(calomel electrode)이 쓰인다.

pH 미터는 유리전극과 기준전극(또는 이들 두 전극을 하나로 만든 복합전극)으로 된 검출부와 검출된 전위차를 나타내는 지시부로 구성되며, 검출부는 온도보정용 검지부, 지시부는 비대칭전위(asymmetric potential) 보정용 조절기 및 온도보정용 또는 감도조절용 조절기가 있다. 현재 시판되고 있는 pH 미터에는 여러 종류가 있으며, 매뉴얼은 제조사마다 다르다. 그러나, 다음과 같은 순서로 측정한다.

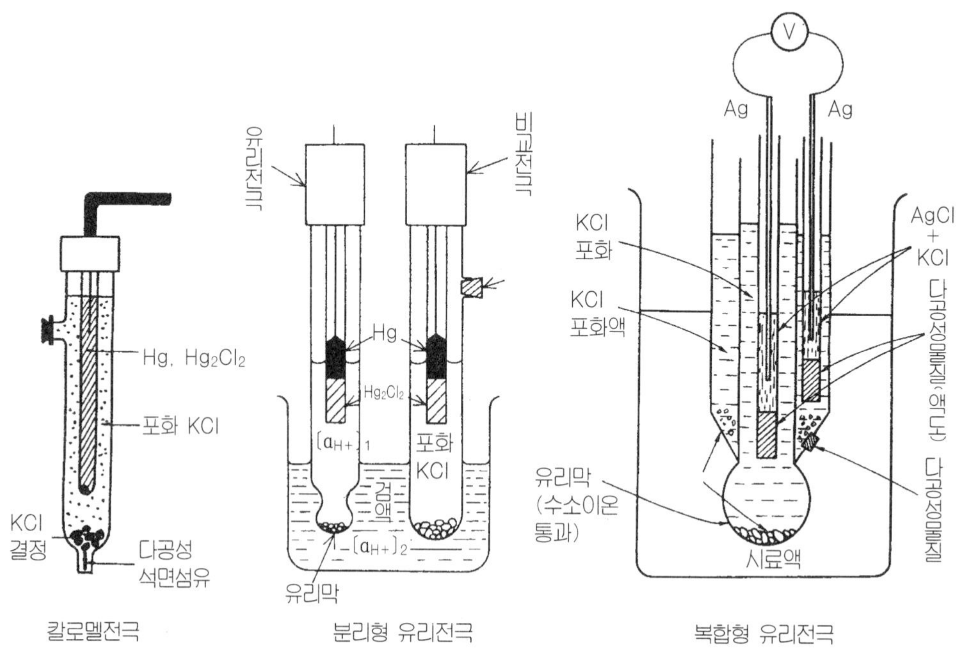

그림 23.2 pH 미터 전극

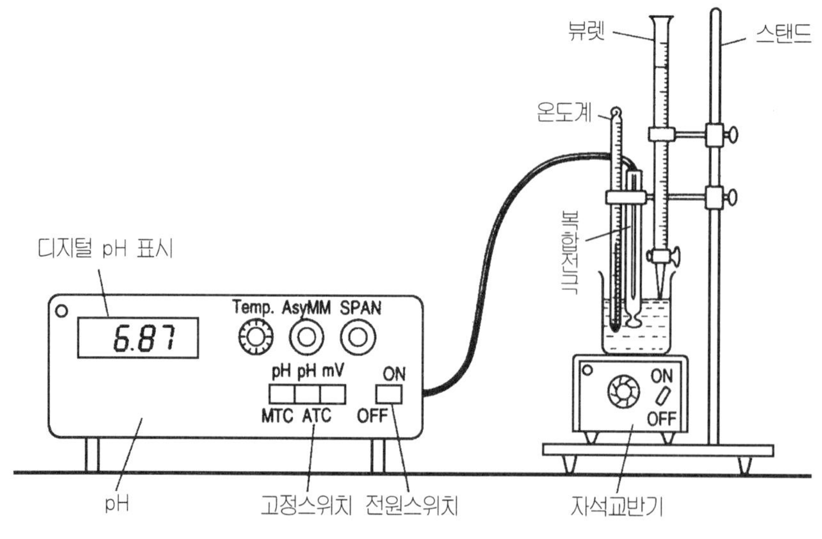

그림 23.3 pH 미터의 구성

❶ 보 정

실험에 사용하는 pH 미터는 하루에 한 번 이상 비대칭전위와 감도를 보정하기 위하여 두 가지의 pH 표준용액으로 맞추어야 한다. 보통 pH 4짜리, pH 7짜리, pH 10짜리 표준용액을 사용한다. 측정하려는 대상이 산성 쪽으로 쏠려 있으면 pH 4짜리와 pH 7짜리만으로 보정하고, 알칼리성 쪽으로 쏠려 있으면 pH 7짜리와 pH 10짜리만으로 보정한다. 시료가 pH 전반에 걸쳐 있으면 3점 모두 보정한다. 보정 방법은 제조회사마다 다르므로 매뉴얼에 따른다.

❷ pH 미터에 의한 측정법

위에서 만든 용액의 pH를 다음 순서에 따라 측정한다.

가. 전극을 들어올려 세척병의 증류수로 씻고 티슈로 물기를 닦는다.
나. 전극을 용액에 담그고 약간 흔든다.
다. 측정스위치를 넣고 수치가 안정되면 pH 값을 읽는다.
라. 전극을 들어 올려 세척병의 증류수로 씻고 티슈로 물기를 닦는다.
마. 이하 같은 과정으로 반복하여 측정한다.
바. 측정이 끝나면 전원을 끄고 전극을 들어 올려 세척병의 증류수로 씻고 티슈로 물기를 닦고 전극 커버를 씌운다. 커버는 유리전극은 증류수, 기준전극은 염화칼륨용액, 또는 KCl 포화액이 들어 있다.

온도가 너무 낮거나 높을 경우, 점도가 높을 경우, 혼탁물이 있을 경우는 측정이 잘 안 된다. 그러나, 대부분 온도계가 함께 있기 때문에 자동보정하는 것들이 많다. 유리전극은 pH 11 이상에서는 알칼리 오차가 생겨서 측정값이 낮은 값을 나타내기 쉽다.

24. 산-염기 적정

(1) 원 리

산과 염기가 반응하면 정량적으로 중화되어 염과 물이 생성된다. 산-염기 중화반응은 센 산과 센 염기의 중화, 약한 산과 센 염기의 중화, 그리고 센 산과 약한 염기의 중화가 있다. 중화반응이 완결된 점을 당량점(equivalence point)이라 한다.

중화적정법은 농도를 알고 있는 표준용액과 부피를 측정한 미지용액의 중화반응을 통해 소모된 산과 염기의 양으로부터 미지 시료의 산, 또는 염기의 농도를 알아내는 방법이다.

여기 사용하는 NaOH와 HCl은 factor가 정확해야 한다. Factor는 실제 농도를 목표 농도로 나눈 값이다. 아무리 0.1N 용액을 정확하게 만들려하여도 오차없이 정확하게 만들어지지는 않기 때문이다.

NaOH와 HCl은 1몰씩 반응한다. 염기 0.24몰이 소모되었으면 시료에 0.24몰의 산이 들어 있는 것이다.

예를 들면 0.536N 염기 13.1mℓ가 16.3mℓ의 산을 중화하는데 필요했다면 산의 농도는 다음 식으로 구할 수 있다.

$$16.3\,\text{m}\ell \times 노르말농도 = 13.1\,\text{m}\ell \times 0.536\text{N}$$

$$산의\ 노르말농도는\ \frac{13.1\,\text{m}\ell \times 0.536\text{N}}{16.3\,\text{m}\ell} = 0.431\text{N}$$

(2) 기구 및 시약

50mℓ 뷰렛, 뷰렛 집게와 스탠드, 100mℓ 용량 플라스크, 250mℓ 삼각플라스크, 50mℓ 눈금실린더, 25mℓ 피펫, 무게 다는 종이, 약수저, 씻기병, 화학 저울, pH 미터, 페놀프탈레인 지시약, 메틸 오렌지 지시약, 0.1N HCl 표준용액, 0.1N NaOH, 식용 중탄산나트륨, 식용 아세트산(식초), 증류수

표 23.1 지시약

적정하고자 하는 물질	표 준 용 액	당량점의 pH	지 시 약
강산	강 염 기	7	메틸레드
강염기	강 산	7	브로모 티몰블루, 페놀프탈레인
약산($K_a=10^{-6}$)	강 염 기	8~9	페놀프탈레인
약염기($K_b=10^{-6}$)	강 산	5~6	메틸레드

(3) 방 법

1 염산에 의한 NaOH 용액의 적정

$$HCl \ + \ NaOH \ \rightarrow \ NaCl \ + \ H_2O$$

가. 뷰렛의 코크에 와셀린을 바르고 깔때기를 써서 0.1N NaOH 용액을 넣는다.

나. 코크를 모두 열어 0.1N NaOH 액을 급히 흘려 공기를 밀어낸다.

다. 0.1N 용액을 뷰렛의 0.0㎖ 시작 위치까지 정확하게 채운다.

라. 삼각 플라스크에 0.1N HCl 표준용액 20㎖를 피펫으로 정확하게 가하고 페놀프탈레인 지시약을 2~3방울 가한다.

마. 왼손으로는 뷰렛 코크를 잡고 오른쪽 손으로는 삼각 플라스크의 윗 목을 쥐고 용액을 따르며 흔들어 준다. 초기에는 0.1N HCl 용액을 계속 가해도 좋으나 당량점에 가까워지면 한 방울씩 천천히 가하면서 색깔변화를 확인한다.

당량점에 도달하기 전에는 색깔이 생겨도 흔들어 주면 없어지며, 당량점을 지나면 흔들어도 색깔이 없어지지 않는다. 당량점을 지났을 경우, 1㎖의 HCl을 삼각플라스크에 첨가하고 적정을 계속해서 새로운 당량점을 구한다. 위의 적정을 2회 이상 반복하여 얻어진 평균값으로 NaOH 용액의 농도를 결정한다.

바. 당량점에 도달했을 때 삼각 플라스크 내 용액의 pH를 pH 미터로 측정한다.

사. NaOH 용액은 마개를 닫아 보관하여 증발이나 공기 중의 CO_2가 용해되는 것을 방지한다. 뷰렛에 NaOH 용액을 넣으면 갈아 맞춘 코크에 스며들어 부식시키므로 반드시 산을 뷰렛에 넣고 염기를 용기에 취하도록 한다. 뷰렛과 피펫은 사용후 깨끗이 씻어 스탠드에 걸어둔다.

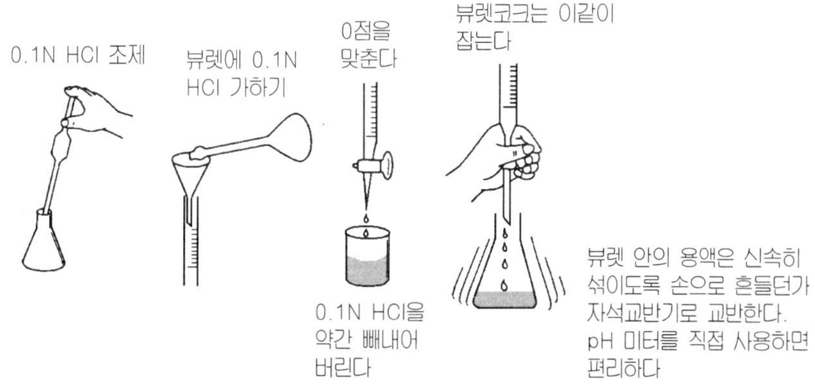

그림 24.1　뷰렛에 의한 적정

❷ 아세트산의 적정

가. 식용 아세트산 10㎖를 100㎖ 용량 플라스크에 가하고 증류수로 100㎖로 채운다.

나. 이 용액 10㎖를 피펫으로 정확히 삼각 플라스크에 가하고 페놀프탈레인 지시약 2~3방울 가한 후 0.1N NaOH 용액으로 적정한다.

$$CH_3COOH \ + \ NaOH \ \rightarrow \ CH_3COONa \ + \ H_2O$$

위의 적정을 2회 이상 반복하여 얻어진 평균값으로 식용 아세트산의 농도를 결정한다.

다. 당량점에서 삼각 플라스크 내 용액의 pH를 pH 미터로 측정한다.

❸ 중탄산나트륨의 적정

가. 0.2g의 중탄산나트륨을 0.001g까지 정확히 달아서 250㎖ 삼각 플라스크에 넣고 증류수 40㎖를 가한다.

나. 이 용액에 2~3방울의 메틸 오렌지 지시약을 가한 후 0.1N HCl 표준용액으로 적정한다. 2회 적정한 평균값으로 $NaHCO_3$ 용액의 농도를 결정한다.

다. 당량점에서 삼각 플라스크 내 용액의 pH를 pH 미터를 사용하여 측정한다.

25. 산화·환원·적정

산화제나 환원제는 반드시 같은 당량끼리 반응한다. 그러므로 산·염기와 마찬가지로 산화·환원 반응을 이용하여 산화제나 환원제의 양을 정량할 수 있다. 과망간산칼륨($KMnO_4$)은 산화력이 강하므로 표준으로 하여 환원성 물질을 정량적으로 산화시킬 수 있다.

(1) 약품 및 기구

$KMnO_4$, H_2O_2, 증류수, 눈금플라스크, 칭량병, 홀피펫, 삼각플라스크

(2) 방 법

① 과망간산칼륨을 0.7902g 단다($KMnO_4$ 0.1N용액).

② 증류수에 녹여서 250ml로 한다.

③ 시판되는 과산화수소(H_2O_2, 옥시풀) 10ml를 취하고 나머지를 증류수를 가하여 100ml로 한다.

④ 희석한 과산화수소를 삼각 플라스크에 10ml 가하여 수조에 놓고, ①에서 만든 0.1N 과망간산칼륨 용액으로 적정하여 조금 붉어졌을 때를 당량점으로 한다.

♻ 유의사항

70±5°C 항온이 된 물 중탕 속에서 삼각 플라스크를 충분히 흔들어 주면서 담홍색이 없어지지 않을 때까지(15초 동안) 적정한다.

26. 염의 생성

(1) 원 리

염은 이온형 화합물로 양전하 원소나 수소이온 이외의 라디칼과 음전하원소나 수산이온 이외의 라디칼과의 결합으로 이루어진다. 이온형 화합물은 각각 다른 양전하와 음전하 원소 상호작용이 있을 때에 생성된다. 금속원소는 양전하를 띠고 비금속원소는 음전하를 띤다. 염은 금속·금속산화물·금속수산화물(염기)과, 비금속·비금속산화물·비금속 수산화물(산)과의 상호작용으로 생성된다. 염의 물에 대한 용해도는 다양하다.

금속 + 비금속 : $Zn(s) + Cl_2(g) \rightarrow ZnCl_2(s)$

금속 + 산 : $Zn(s) + HCl(aq) \rightarrow ZnCl_2(aq) + H_2(g)$

염기 + 산 : $Zn(OH)_2(s) + 2HCl(aq) \rightarrow ZnCl_2(aq) + 2H_2O$

염기성 산화물 + 산 : $ZnO(s) + 2HCl(aq) \rightarrow ZnCl_2(aq) + H_2O(g)$

염기성 산화물 + 비금속 수산화물(산) : $ZnO(s) + 2HCl(aq) \rightarrow Zn(Cl)_2(aq) + H_2O$

염기 + 산성 산화물 : $Ca(OH)_2(s) + CO_2(g) \rightarrow CaCO_3(s) + H_2O$

염기성 산화물 + 산성화물 : $CaO(s) + CO_2(g) \rightarrow CaCO_3(s)$

(2) 시 료

Fe(못), Zn(이끼 모양), $CuO(s)$, $MgO(s)$, $NiO(s)$, $PbO(s)$, $ZnO(s)$, KOH(알약 모양), 페놀프탈레인 지시약, 0.1M의 $Pb(NO_3)_2$, 0.1M의 KI

(3) 금속과 산의 반응

$150m\ell$ 비커 속에 5g의 이끼모양의 아연 또는 작은 쇠못을 넣고, 3M 황산 $25m\ell$를 가해서 매우 약한 불꽃에 30∼45분 동안 저으면서 반응시켜서 절반 또는 3분지 2까지 증발시킨다. 그러나 따뜻한 상태에서 결정을 석출시킬 정도로 증발시켜서는 안 된다. 깨끗한 비커 속에 맑은 용액을, 남은 금속이나 찌꺼기로부터 따로 기울여 따른다. 그 다음에 이것을 따로 냉각시켜 황산아연과 황산제일철염을 결정화시킨다 결정과 액체를 분리시켜서, 그 결정을 거르기종이 위에 건조시킨다.

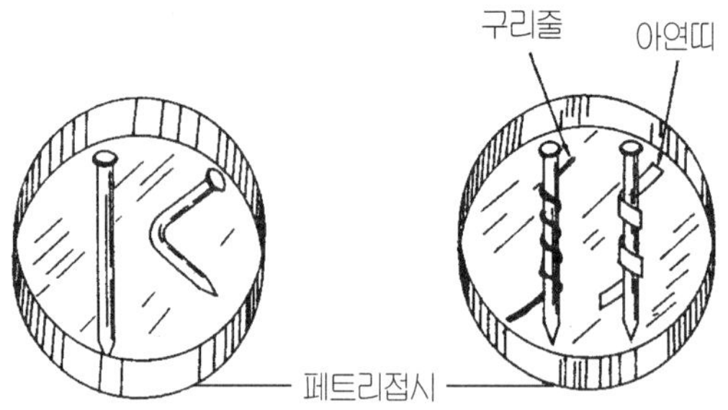

그림 26.1　철의 산화

(4) 금속산화물과 산의 반응

① 4g의 산화마그네슘과 3M의 황산 25mℓ로 황산마그네슘 용액을 만든다.

② 5g의 산화아연과 3M의 황산 25mℓ로 황산아연 용액을 만든다.

③ 5g의 산화제이구리(CuO) 분말과 3M의 황산 25mℓ로 황산제이구리($CuSO_4$) 용액을 만든다.

④ 5g의 산화제일니켈과 3M의 황산 25mℓ로 황산제일니켈 용액을 만든다.

⑤ 10g의 PbO(litharge)와 6M의 질산 25mℓ로 $Pb(NO_3)_2$ 용액을 만든다.

용액을 150mℓ 비커에 넣고, 산을 조금씩 여러 번 가한다. 혼합물을 서서히 따뜻이 해 주고, 막대로 젓는다. 농축 필요가 없는 $CuSO_4$ 용액은 그러지 않아도 된다. 부피가 처음보다 절반 또는 3분지 2로 줄어들 때까지 계속 끓인다. 깨끗한 비커에 기울여 따르고, 염이 결정될 때까지 보관해 둔다.

(5) 염기와 산의 반응

■ 정염(normal salt)의 생성

150mℓ 비커 속에 증류수 35mℓ를 넣고, 수산화칼륨 15g을 가해 녹인다. 이 용액을 잘 섞어 녹여 2등분한다. 제일등분의 KOH 용액에 3M의 황산 15mℓ를 가하여 잘 섞은 다음 페놀프탈레인 지시약 한 방울을 가해 무색이 될 때까지 황산을 한 방울씩 가한다. 사용된 산의 부피를 눈금실린더에서 읽는다. 냉각에 따라 어떤 염의 결정이 생성되는가 관찰한다.

❷ 산성염(acid salt)의 생성

위에서 만든 제이등분의 KOH 용액에 위의 A에서 사용한 3M의 황산의 두 배를 가한다. 이 때 생기는 염은 가용성이 더 크므로 부피(약 15mℓ)의 3분의 1 이하로 끓여서 농축시킨 다음, 냉각시켜서 염을 결정화시킨다. 자신이 만든 두 가지 물질, K_2SO_4와 $KHSO_4$의 모양을 비교해 본다. 이들 결정의 모액을 기울여 따라 버리고, 2mℓ씩의 증류수로 두 번씩 씻는다. 각 결정의 맛을 본 후 곧 입을 씻는다.

(6) 두 염의 치환 반응

15mℓ 시험관 두 개에 $Pb(NO_3)_2$ 3mℓ와 0.1M의 KI 6mℓ를 각각 넣고, 각각 8~10mℓ씩을 첨가시킨 다음, 끓을 때까지 가열한다. 두 가지 용액을 혼합시킨 후, 냉각되는 동안 PbI_2의 결정을 관찰한다.

27. 센물 및 센물의 단물화

(1) 원 리

센물이란 Ca^{2+}, Mg^{2+}, Fe^{2+} 또는 Cl^-, SO^{2-}, HCO^{3-} 등이 존재하여 비누와 반응하거나 끓일 때 침전을 만드는 물이다. 비누와 함께 끈적끈적한 불용성 물질을 만든다.

$$2C_{17}H_{35}COO^- + Ca^{2+} \leftrightarrows (C_{17}H_{35}COO)_2\ Ca(s)$$

그래서 거품이 잘 일지 않고 세척작용을 저하시킨다. 센물을 보일러에서 끓이면 $CaCO_3\ (s)$, $MgCO_3\ (s)$, $CaCO_4\ (s)$ 등의 피막을 형성하여 효율을 저하시키고, 스케일을 만들어 관을 막는다. HCO^{3-}만 있을 때는 물을 끓이면 HCO^{3-}는 분해되어 CO_2와 CO_3^{2-}가 생성되어, $CaCO_3\ (s)$로 침전시킬 수 있으므로, 불순물을 쉽게 제거할 수 있다. 이런 것을 일시센물이라 한다.

$$2HCO_3^- \leftrightarrows H_2O + CO_2(g) + CO_3^{2-},\ CO_3^{2+} \leftrightarrows CaCO_3(s)$$

SO^{4-}, Cl^-의 음이온이 존재할 때는 끓여도 제거되지 않는다. 이러한 물을 영구센물이라 부른다.

(2) 단물화 방법

1 끓 임

HCO_3^-에 상당한 Ca^{2+} 부분만큼만 제거할 수 있으며, 비경제적이다.

2 pH 조절 및 침전

센물에 소석회($Ca(OH)_2$)를 가하면 OH^-가 Mg^{2+}를 $Mg(OH)_2(s)$로 침전시키고, HCO^{3-}를 중화시켜 소석회의 Ca^{2+}를 침전시키고 CO_3^{2-}를 생성하여 염화물 또는 황산염의 형태로 존재하는 Ca^{2+}를 침전시킨다.

$$2\ OH^- + Mg + \rightleftarrows Mg(OH)_2(s)$$

$$(Ca^{2+} + 2OH^-) + 2HCO_3^- \ \rightleftharpoons\ CaCO_3(s) + CO_3^{2-} + 2H_2O$$

$$CO_3^{2-} + Ca^{2+} \rightleftharpoons CaCO_3(s)$$

❸ 이온교환법

천연산 제올라이트($NaAl_2Si_4O_{12}$)는 구조격자에 나트륨이온을 갖는 거대한 분자구조로, Na^+이 물에 존재하는 Ca^{2+} 및 Mg^{2+}과 쉽게 치환된다.

$$Ca^{2+} + Na_2Al_2Si_4O1_2(s) \rightleftharpoons 2Na+ + CaAl_2Si_4O_{12}(s)$$

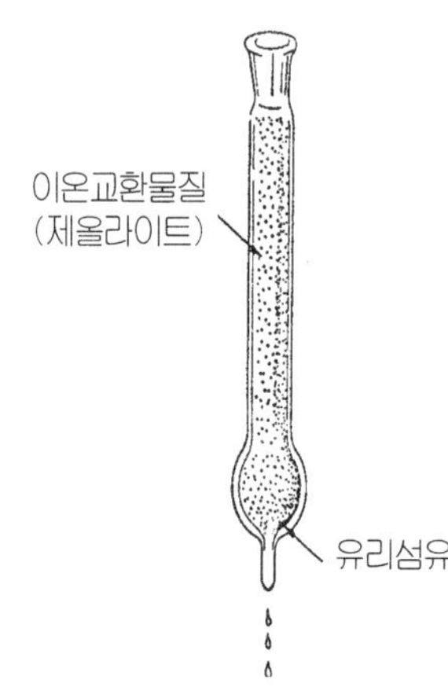

그림 27.1　물의 단물확용 이온교환관

❹ 억류 작용제, 킬레이트

Ca^{2+} 또는 Mg^{2+}를 잡아당기므로 비누를 사용할 때 침전을 만들지 않는다. 에틸렌디아민($H_2NCH_2CH_2NH_2$) 또는 6메타인산나트륨 중합제 $(NaPO_3)_6$가 그런 물질이다. 합성세제 비누는 지방 및 유지를 유화시켜 제거한다.

(3) 기구 및 시약

뷰렛, 0.25M $(NH_4)_2CO_4$, 0.1M $BaCl_2$, $CaCO_3(s)$ (대리석 조각), 0.02M $Ca(OH)_2$, 0.1M의 $AgNO_3$, $Na_2CO_3(s)$(세척소다), 붕사, $NaPO_4(s)$, $(NaPO_3)_6$, 페놀프탈레인, 알리자린옐로 R, 이온교환물질, 합성세제, 보통의 세척제, 진한 비누 용액(캐스틸 비누 100g을 증류수 200㎖와 알코올 800㎖의 혼합용액에 녹여서 만든다), 0.002M Ca^{2+}용액, 일시센물.

(4) 단물화

다음과 같이 각 센물 5mℓ씩을 시험하고, 각 용액에 각각 소량의 ① 탄산나트륨 (Na_2CO_3), ② 붕사, ③ Na_3PO_4, ④ $(NaPO_3)_6$를 가한 다음 침전이 생기는가 관찰한다. 페놀프탈레인 및 알리자린옐로 R을 사용하여 각 용액의 대략적인 pH를 측정하고 비눗물을 0.5mℓ씩 가한다.

5mℓ 센물을 여러 가지 합성세제로 시험해 본다, 각각에 대해 침전 또는 비누거품이 생기는 것을 관찰하고 흙이나 유지가 묻은 천으로 세척작용을 시험한다.

(5) 비눗물의 농도 결정

100~150mℓ 비눗물을 잘 섞고, 뷰렛에 채운다. 메스실린더로 0.002M의 Ca_2 표준용액을 25.0mℓ 측정하여 플라스크에 붓고 비눗물로 적정한다. 흔들어서 적어도 1분간 거품이 보이는 점이 종말점이다. Ca^{2+}, Mg^{2+} 기타 다른 이온이라 할지라도 물에 존재하는 $CaCO_3$로 환산하여 mg/ℓ 단위로 나타낸다.

(6) 물의 경도측정

일시센물·영구센물의 혼합물 용액 25mℓ씩 둘을 250mℓ 플라스크에 붓는다. 그 중 하나는 1~3분간 서서히 끓여서 식히고, 각 시료를 표준 비눗물로 적정한다. 끓이지 않은 물의 적정결과로부터 물 1ℓ에 든 $CaCO_3$의 mg으로 총 경도를 계산한다. 끓인 물에 대한 적정결과와의 차이는 HCO_3^-에 의한 것이다. ppm 단위로 일시 경도를 계산한다.

28. 비누 제조

유지(기름이나 지방)는 탄소수가 많은 고급지방산($C_nH_{2n+1}COOH$)과 글리세롤($C_3H_8O_3$)과의 에스테르(글리세리드)혼합물이다. 유지를 알칼리와 함께 반응시키면, 비누화가 일어나서 지방산의 금속염과 글리세롤이 생성된다. 고급지방산의 금속염이 비누이며, 금속의 종류에 따라 나트륨비누, 칼륨비누, 아연비누 등으로 나누어진다.

비누화 값은 유지 1g을 비누화하는데 필요한 KOH의 mg수로, 유지의 카르복시기 1개에 대해 KOH 1mol이 당량이다. 따라서 유지의 지방산의 알킬기가 작을수록 비누화 값은 커진다. 또 같은 탄소수의 알킬기일 때는 이중결합이 많을수록 비누화값이 커진다.

비누의 원료 유지는 비누화값이 높은 것이 좋다. 낮은 것은 불검화물이 많거나 고급지방산 글리세리드가 존재하는 것을 나타내며, 높은 것은 저급지방산이 많고 비누화도 잘 일어난다. 실제로 야자유, 버터 등과 같이 비누화 값이 높은 유지는 비누화되기 쉽다. 보통 비누제조에는 비누화값이 높은 것과 낮은 것을 혼합해서 사용한다.

(1) 기구 및 재료

200mℓ 비커, 100mℓ 플라스크, 1ℓ 메스플라스크, 환류냉각기, 뷰렛, 물중탕, 전열기, 시계접시, 유리막대, 여과포, 저울, 스탠드, 클램프, 온도계($0 \sim 150°C$), 돼지기름, 유지, 야자유, 염화나트륨, 수산화칼륨, 수산화칼륨, 수산화나트륨, 에탄올, 염산, 페놀프탈레인 지시약, 증류수

(2) 비누화 값

유지 2g을 100mℓ 플라스크에 달아 넣은 후, 0.5N 알코올 KOH용액 25mℓ를 가하고, 끓는 물중탕에서 30분 동안 가열하면서 흔들어준다. 비누화가 끝나면 찬물로 냉각시키고 페놀프탈레인 지시약 1mℓ를 넣은 다음, 남아 있는 KOH를 0.5N 염산용액으로 중화적정한다. 시료를 가하지 않은 알코올 KOH용액도 별도로 중화적정한다. 바탕실

험에 쓰인 0.5N 염산 수용액의 mℓ(b)와 본 실험에서 소비된 0.5N 염산 수용액의 mℓ (a)와의 차이가 시료의 비누화에 사용된 0.5 N KOH용액의 부피(mℓ)에 해당한다. 그러므로 비누화값은 다음과 같다.

$$\text{비누화값} = \frac{28.05(b\text{-}a)}{\text{시료의 g수}}$$

비누화값에서 유지를 비누화시키는 데 필요한 수산화나트륨의 양을 구할 수 있다.

$$\text{NaOH 필요량(mg)} = \text{비누화값} \times \frac{\text{NaOH 분자량}}{\text{KOH 분자량}} = \text{비누화값} \times 0.714$$

(3) 제 조

유지 20g, 돼지기름 20g, 야자유 10g을 200mℓ 비커에 넣고 여기에 NaOH 6g을 12 mℓ의 물에 녹인 용액을 가한 다음, 물의 증발을 막기 위하여 시계접시로 덮고 물중탕 (70~80°C)에서 30분 동안 가열한다. 가열하는 동안 내용물을 유리막대로 잘 저어주어야 한다. 다시 NaOH 6g을 6mℓ의 물에 녹인 용액을 가한 다음, 1시간 동안 계속하여 가열한다. 반응이 끝나면 다음의 방법으로 비누화 반응이 완결되었는가 조사한다.

1) 손끝으로 문지르면 미끈미끈하면서 엷은 비늘모양으로 된다.
2) 유리막대 끝에 묻혀 올리면 끈기가 있다.
3) 투명하고 균일한 풀 모양이 된다.
4) 손에 묻힐 때 기름기가 있거나 물방울이 있는 것은 좋지 않다.
5) 액 전제가 반투명하고 거품이 있다.
6) 소량을 알코올에 넣으면 완전히 녹는다.

비누는 알코올에 녹이고, 에스테르에 녹여도 거름종이 위에서 얼룩이 나지 않아야 유리지방이 없는 것이다. 비누의 얇은 조각을 100°C에서 2시간 건조하면 수분이 감소되는 양이 20% 이하라야 한다. 양질인 것은 15% 전후이다.

비누화 반응이 끝난 용액에 염화나트륨 20g을 여러 번 나누어 넣고 그때마다 5~6분씩 가열한다. 비커를 냉각시킨 다음 여과포를 사용하여 위층의 비누를 분리하고 물로 씻는다, 얻어진 비누를 원하는 모양으로 만들어 건조시킨다.

29. 아미노산의 종이크로마토그래피 및 박층크로마토그래피

(1) 원 리

크로마토그래피는 혼합물을 흡착제에 대한 친화도의 차이, 즉 분별흡착현상을 이용하여 혼합물을 분리·정제하여 정성·정량할 수 있는 방법이다. 즉 고정된 흡착제(고정상이라고 한다)에 혼합물을 적당한 용매(이동상이라고 한다)로 전개시키면 혼합물 중 흡착성이 강한 물질과 약한 물질은 고정상을 통과하는 이동속도가 다르기 때문에 흡착층의 모양이 달라진다. 이때 생기는 흡착층의 모양을 크로마토그램(chromatogram)이라고 한다. 정지상의 종류, 지지 형태, 이동상의 종류나 물리적 상태 등에 따라 다음과 같은 종류가 있다.

① Paper Chromatography : 종이를 정지상으로 용매를 이동상으로 사용한다.
② Thin Layer Chromatography(TLC) : 정지상을 입힌 얇은 막에 용매를 흡수시켜 사용한다.
③ Column chromatography : 정지상을 관에 채우고 용매를 흘려서 전개한다.
④ Liquid Chromatography : 흡착제를 채운 관에 이동상으로 액체를 사용한다.
⑤ Gas Chromatography : 흡착제를 채운 관에 이동상으로 기체를 통과시켜 전개한다.

얇은 막 크로마토그래피(TLC)는 cellulose, silica gel, alumina, polyamide 같은 흡착제를 유리판이나 플라스틱 표면에 입힌 것이다. 종이 크로마토그래피나, 얇은 막 크로마토그래피에서는 성분 물질의 이동된 거리와 용매가 이동한 거리의 비(ratio)로 나타내는 R_f 값으로 물질을 비교 확인한다.

$$R_f = \frac{\text{성분물질의 이동거리}}{\text{용매의 이동거리}}$$

분리하려는 혼합물을 끝부분에 찍고 끝을 용매 속에 잠기게 하면 용매가 종이나 층을 스며 올라가면서 혼합물을 성분에 따라 분리한다.

TLC의 장점은 아주 적은 양의 시료라도 분석이 가능하다는데 있다. 특수한 경우에는 10^{-9}g까지도 검출이 가능하지만 보통은 500μg 정도는 사용한다.

색이 있는 물질은 크로마토그램 위의 반점을 알아보기 쉽지만 무색 물질은 발색제를 뿜어주던가 자외선(UV)을 쬐어서 형광을 발하게 하여 위치를 확인한다.

아미노산을 여과지나 cellulose 판에 떨어뜨리고 용매로 전개시키면 아미노산은 용매를 따라 이동한다. 이동속도는 아미노산마다 다르다. 모르는 아미노산을 알고 있는 표준 아미노산과 함께 전개시켜서 이동도를 비교하면 어떤 아미노산인가 알 수 있다.

(2) 재료 기기

❶ 표준 아미노산 용액

Paper chromatography(PC)용 아미노산 용액은 0.05M로 조제하고, thin layer chromatography (TLC)용은 그의 1/10 농도로 하여 $5m\ell$를 만든다. Cys, Tyr은 0.05N HCl 용액으로 조제하고 나머지는 증류수로 조제한다.

각 아미노산을 별도로 spot하려면 매우 많은 면적을 필요로 하므로 이동도를 안 다음에는 아미노산을 다음과 같이 두 그룹으로 조제하여 spot하면 효과적이다.

> A group: Lys, Arg, Asp, Gly, Glu, Ala, Tyr, Val, Leu.
>
> B group: Cys, His, Ser, Thr, Pro, Met, Trp, Phe,

❷ Spot양

PC : 0.05μmole$(0.1\mu\ell)$ ~ 0.3μmole$(6\mu\ell)$

TLC : 5nmole$(0.1\mu\ell)$ ~ 30nmole$(6\mu\ell)$

단백질 소화액의 경우 ninhydrin법으로 아미노산의 양을 측정하여 spot양을 정한다.

❸ 여지 또는 plate

PC : Whatman(또는 東洋) 여지 No 50 또는 51(60cm × 60cm)

TLC : DC-Fertig platten cellulose 20×20cm×0.1mm schichtolicke (Darmstadt Merck Art 5716)

❹ 용매

1차 전개용매 : n-Butanol-acetic acid-water(4:1:2, v/v)

먼저 acetic acid와 물을 혼합한 다음 n-butanol을 가한다. 두 용액이 가라앉아 안정된 다음 여지 또는 판을 넣는다.

1차 전개 후 필요하면 다음 용매를 사용하여 2차 전개한다.

2차 전개용매: phenol-water(16:4, v/v)

5 검출시약

n-Butanol 포화수용액 100㎖에 ninhydrin 0.2g을 용해시킨 것.

6 전개조

TLC용으로서는 사각형 전개조, 여지용으로서는 원통형 전개조가 필요하다.

학생들 실험용으로서는 큰 데시케이터 속에 여러 개의 샬레를 넣고, 둥글게 만 여지를 샬레 위에서 전개시키면 효과적이다. 어느 것이나 용매 증기가 새지 않도록 꼭 막을 수 있어야 한다.

7 기 타

모세관 또는 마이크로피펫($5\,\mu\ell$), 헤어드라이어, 항온기, 스프레이어, 선풍기.

(3) 여지 및 plate의 재단과 표시하기

여지는 밑에서부터 2cm, TLC용 판은 1.5cm 되는 곳에 가로로 선을 긋고, 여지는 2cm 간격, TLC용 판은 1cm 간격으로 선 위에 점을 찍어 나간다. 필요한 spot 수만큼의 크기로 자른다. 여지는 가위나 칼, TLC판은 유리칼로 자른다. 각점 밑에는 연필로 시료명을 직접 또는 숫자로 표시한다.

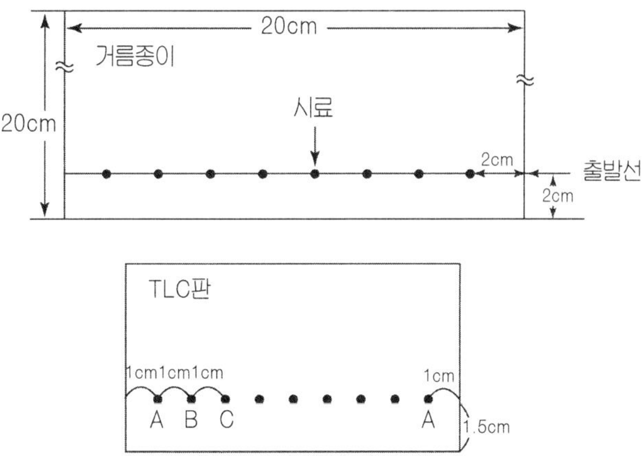

그림 29.1　　TLC판 및 거름종이의 재단 및 표시

(4) Spot

모세관이나 마이크로피펫으로 각시료를 찍어서 여지 또는 TLC 판에 표시한 점 위에 필요량만큼 spot한다. 한번 사용한 모세관이나 마이크로피펫은 다른 spot에 다시 사용할 수 없다. spot한 자리가 번지지 않도록 조금씩 spot하며, 마른 다음 다시 spot한다. 말리는 데는 헤어드라이어가 좋다. 그러나 지나치게 뜨거우면 아미노산이 변성되므로 약간 따뜻한 바람으로 말리는 것이 좋다. 멀리 띄워서 바람을 보내면 효과적이다. Spot의 지름은 가능한 한 작은 것이 좋다.

주의해야 할 점으로서는 여지나 TLC판에 손때, 땀, 책상 위의 오물이 묻지 않도록 해야 한다. 이를 위해서 spot하는 부분만을 남겨 놓고 나머지 부분은 비닐랩이나 알루미늄으로 싸 놓고 조작한다. 또, 손을 깨끗이 씻고 시작한다.

전개에 들어가기 전에 spot는 완전히 건조시킨다.

학생용 실험인 경우 20가지 아미노산을 모두 spot한다는 것은 매우 번잡하므로 아미노산을 5가지 정도 골라 둘로 나눈 다음, 한쪽은 이름을 알려주고, 다른 쪽은 이름을 알려주지 않는다. 전개후 두 가지를 비교하여 알려주지 않은 아미노산이 어떤 아미노산인가 찾아내도록 한다.

(5) 전 개

여지는 둥글게 말아 stapler로 찝는다. 그러나 끝 부분이 겹치지 않도록 한다.

용매를 만들어서 전개조에 붓고 용매가 안정되길 기다린다. 용매의 양은 spot한 부

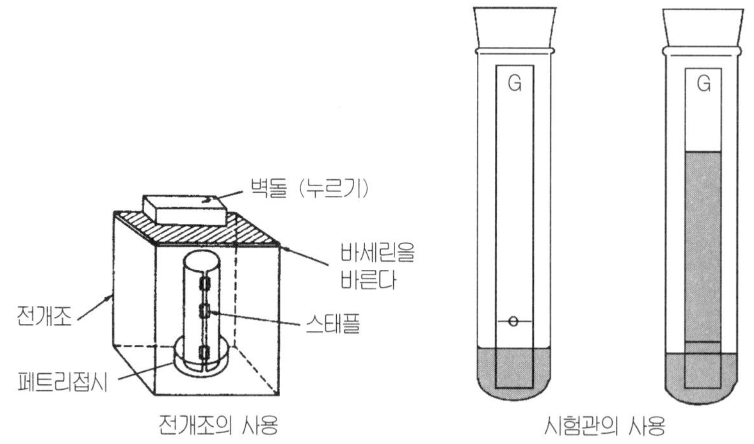

그림 29.2 거름 종이 및 TLC의 전개

분을 5mm 정도 남겨놓고 잠기게 한다. 데시케이터를 사용할 경우는 데시케이터 안에 샬레를 넣고 샬레에 용매를 붓는다. 여지 또는 TLC 판을 용매 위에 세우고 공기가 새지 않도록 바셀린을 발라서 뚜껑을 꼭 덮는다. 전개는 일정 온도에서 하는 것이 좋다. 온도가 높을수록 전개속도는 빠르나 지나치면 결과가 좋지 않다. 37°C의 항온기에서 전개시키면 무리가 없을 것이다. 한번만으로 전개가 부족한 경우 같은 용매, 또는 다른 용매를 사용하여 2차, 3차 전개한다.

용매가 위에서 1.5cm 남겨놓은 곳까지 올라가면 꺼내어 바람에 완전히 말린다.

(6) 발 색

스프레이어로 0.2% ninhydrin 용액을 균일하게 뿌린다. 여지는 앞뒤로 뿌린다. 바람으로 완전히 말린 다음 100°C의 항온건조기에서 5~10분간 발색시킨다.

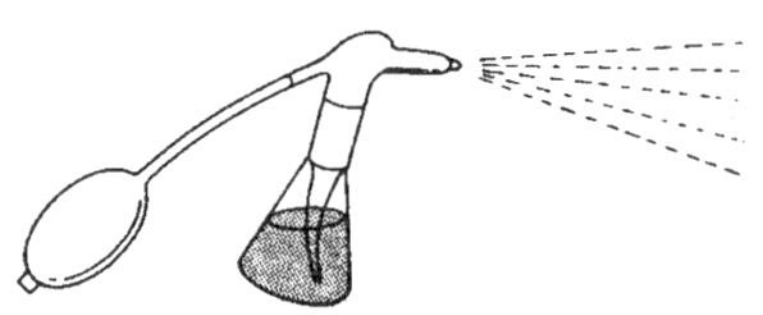

그림 29.3　발색 시약의 분무

(7) 결과 해석

정색된 각 spot의 윤곽을 연필로 그리고 marker와 비교하여 이동도로부터 확인된 아미노산 이름을 써넣는다. Sample 이름, 전개용매, 전개횟수, 전개시간, 전개온도, 날짜 등을 기입한다.

아미노산의 이동도는 용매에 따라 크게 다르다. 조건에 따라서는 지침서와 다르기 때문에 항상 표준 marker를 함께 spot하여 전개하여야 한다.

(8) 정 량

같은 시료를 두 군데에 spot하여 한 줄만 발색시킨 다음, 발색된 위치를 참조하여 나머지 줄의 해딩부분을 도려낸다. 도려낸 부분을 물로 추출하여 ninhydrin법으로 정량하면 된다.

30. 지방질의 박충크로마토그래피

(1) Spot

Silica gel 판(20×20cm, 1mm)을 사용한다. 밑에서 1.5cm 되도록 옆으로 선을 긋고, 선에는 0.5cm 간격으로 점을 찍어 표시하고 spot한다. Spot의 크기는 3mm 이하가 되도록 한다. 인지질 혼합물(조 레시틴), 정제 레시틴, 컬럼 크로마토그래피로 분리된 각 시료(농축한 것)를 따로따로 spot한다.

(2) 전 개

전개조에 용매를 넣고 용매가 포화되면 plate를 넣는다.
용매 ; $CHCl_3$: CH_3OH : H_2O = 65 : 25 : 4(v/v). 약 200㎖가 필요하다.
위로 1~2cm 남은 부분까지 용매가 올라가면 꺼내어 말린다.

(3) 검 출

① 요오드가 들어 있는 밀폐조에 판을 넣고 spot가 황색으로 되면 스케치한다.
② Ninhydrin 시약(아미노산의 정성반응 참조)을 분무하고 hot plate상에서 가열하여 나타나는 spot를 자세하게 스케치하고 spot 뒤에다 표시를 한다.
③ Molybden blue 시약(①액 ; 25N 황산 100㎖에 3인산 몰리브덴 4.01g을 가해 조심스레 끓여서 녹인다. ②액 ; A액 50㎖에 0.18g의 분말 몰리브덴을 가해 15분간 조용히 끓인 후 식혀서 위의 액만 기울여서 따라낸다. ①액과 ②의 따라낸 용액을 같은 양 섞고, 시약의 두 배 양의 물을 가한다)을 분무하여 상세히 스케치한 다음 20분 동안 가열하면 지질은 모두 탄화하여 갈색 내지 흑색의 spot가 된다.

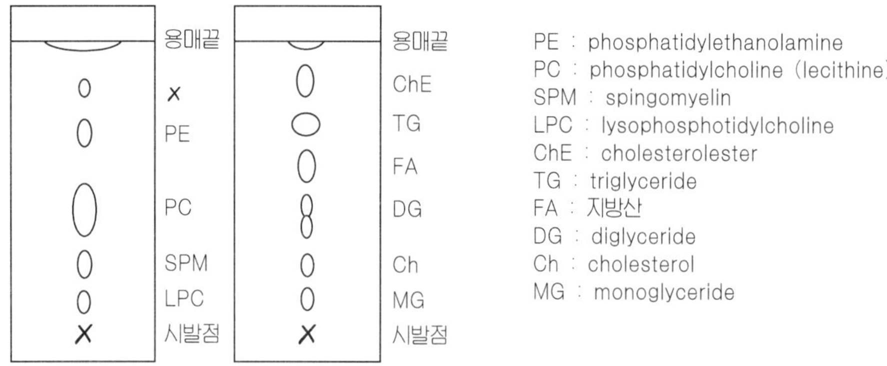

그림 30.1   지방질의 실리카겔 얇은층 크로마토그래피 결과

(4) 확 인

표준 레시틴과 각 spot의 위치를 비교한다.

(5) 기 타

나머지 자세한 사항은 아미노산의 크로마토그래피를 참고한다.

31. 컬럼 크로마토그래피

(1) Column 만들기

110℃~120℃에서 2~4시간 활성화하여 데시케이터에서 보존한 실리카겔 약 10g을 클로로포름에 풀어 놓는다. 작은 가제 뭉치로 칼럼 바닥 구멍을 막은 다음 실리카겔을 칼럼에 채운다. 실리카겔이 덩어리지지 않도록 잘 저어서 부어야 하며 속에 공기가 차지 않도록 한다.

(2) 시료의 첨가

실리카겔 10g에 대해 약 250mg의 시료를 소량의 클로로포름에 녹여 끝이 가늘고 긴 spoid로 관벽을 따라 흘러 내리게 하여 실리카겔 위에 조심스레 가한다. 코크 구멍을 살짝 열어 시료 용액이 실리카겔 표면까지 잦아들도록 용매를 빼내어 시료를 실리카겔에 흡착시킨다. 소량의 클로로포름으로 관벽에 묻어있는 시료를 씻어내리고 다시 잦아들게 한다.

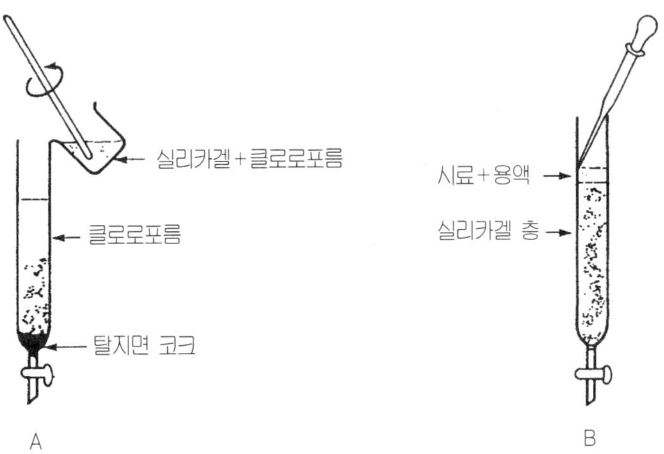

그림 31.1   실리카겔 컬럼 만들기(A)와 시료 가하기(B)

(3) 용 출

다음 1~5의 용매로 순서대로 용출시킨다. 1의 용출액은 모두 플라스크에 모아 그 중 5㎖를 샘플병에 남기고 다른 것은 회수용기에 넣는다. 2의 용매로 바꾼 후 미리 표시해 놓은 시험관이나 샘플병으로 5㎖씩 받는다. 5의 용출액은 1과 마찬가지로 모두 플라스크에 모은다.

(4) 용 매

1. chloroform : methanol(9 : 1,v/v) 50㎖
2. chloroform : methanol(8 : 1,v/v) 50㎖
3. chloroform : methanol(6 : 4,v/v) 50㎖
4. chloroform : methanol(2 : 8,v/v) 50㎖
5. methanol 50㎖

32. 밀도측정

(1) 원 리

물질의 밀도는 물질과 부피와의 비다. c.g.s 단위로는 g/cm^2로 표시하며, 기체는 g/ℓ, 액체는 g/cc, 고체는 $g/m\ell$ 등으로 사용하기도 한다. 물질의 부피는 온도에 따라 변하므로 밀도 측정시의 온도를 기록해야 한다. 온도는 기체의 경우 가장 영향력이 크다(표 32.1 참고).

물질의 비중은 동일 부피를 표준물질과 해당 물질에 대하여 비교한 질량비이다. 일반적으로 액체는 4°C의 물을, 기체는 0°C, 1기압의 공기를 표준물질로 사용한다.

질량과 무게는 의미가 다르다. 질량은 일정하지만, 무게는 지구상의 위치의 따라 인력이 다르므로 다를 수 있다.

질량 측정은 화학저울을 사용한다.

부피측정은 눈금실린더, 뷰렛, 피펫 등이 사용되며, 눈금실린더보다는 뷰렛이나 피펫의 정밀도가 높다. 비커나 플라스크의 눈금은 정밀도가 매우 낮으므로, 정확한 측정에는 사용하지 않는다.

표 32.1 물의 밀도

온도(°C)	밀도(g/mℓ)	온도(°C)	밀도 (g/mℓ)	온도 (°C)	밀도 (g/mℓ)
0	0.9998	12	0.9995	24	0.9973
1	0.9999	13	0.9994	25	0.9971
2	0.9999	14	0.9993	26	0.9968
3	0.9999	15	0.9991	27	0.9965
4	1.0000	16	0.9990	28	0.9963
5	0.9999	17	0.9988	29	0.9960
6	0.9999	18	0.9986	30	0.9957
7	0.9999	19	0.9984	31	0.9954
8	0.9998	20	0.9982	32	0.9951
9	0.9998	21	0.9980	33	0.9947
10	0.9997	22	0.9978	34	0.9944
11	0.9996	23	0.9976	35	0.9941

(2) 약품 및 기구

스테아르산, 100㎖ 눈금플라스크, 저울, 아세톤, 증류수, 온도계, 화학저울, 마개있는 삼각플라스크, 사염화탄소, 물 속에서 용해되거나 반응하지 않는 금속덩어리 또는 모래 등 적당한 고체시료, 증류수.

(3) 액체의 밀도

■ 아세톤의 밀도

100㎖의 아세톤을 세척하여 건조한 비커에 담고, 다른 비커의 무게를 정확히 측정한다. 아세톤으로 2~3번 세척한 25㎖ 용량피펫으로 아세톤을 무게를 잰 비커에 옮기고 무게를 측정한다. 그리고 아세톤의 온도를 측정한다.

■ 스테아르산의 밀도

100㎖의 스테아르산을 세척 건조한 비커에 담고, 다른 비커의 무게를 정확히 측정한다. 스테아르산으로 2~3번 세척한 25㎖ 용량피펫으로 스테아르산 무게를 재고 비커에 옮겨서 무게를 측정한다. 그리고 온도를 측정한다.

■ 물의 밀도

100㎖의 증류수를 세척 건조한 비커에 담고, 다른 비커의 무게를 정확히 측정한다. 증류수로 2~3번 세척한 25㎖ 용량피펫으로 증류수 무게를 재어 둔 비커에 옮기고 무게를 다시 측정한다. 그리고 온도를 측정한다. 이들 결과를 가지고 무게/부피=밀도를 계산한다.

(4) 고체의 밀도

비중병 무게를 화학저울로 달고, 고체시료를 적당량 넣고 다시 무게를 단다. 여기에 증류수를 다 채우고 마개의 윗부분에 올라온 증류수를 거름종이로 닦고 말린 다음 무게를 단다.

비중병의 내용물(고체시료와 물)을 모두 버리고 깨끗이 씻은 후 증류수를 채워서 무게를 단다. 사용한 증류수의 온도를 기록한다. 비중병만의 무게, 고체시료가 들어 있는 비중병의 무게, 증류수가 들어 있는 비중병의 무게, 증류수와 고체시료가 들어 있는 비중병의 무게 및 온도에 따른 물의 밀도에서 고체시료의 무게 및 부피를 계산하여 밀도를 계산할 수 있다.

33. 온도측정과 온도계 보정

(1) 원 리

온도를 나타내는 척도에는 섭씨, 화씨, 절대온도가 있다. 섭씨온도는 순수한 물의 어는점과 끓는점을 0°C와 100°C로 정하고, 그 사이를 100등분한 것이다. 절대온도는 물의 삼중점(273.16K)을 기준점으로 정한다.

화학실험 온도계는 착색 알코올이나 수은을 진공 모세관에 넣어 온도에 따른 부피 팽창과 축소가 모세관의 높낮이로 나타나도록 한 것이다. 섭씨온도계는 순수한 물의 어는점과 끓는점을 기준으로 새겨져 있으나, 부정확한 경우가 많다. 그래서 온도를 정확하게 측정하기 위해서는 온도계의 눈금을 확인하고 보정해야 한다.

물의 끓는점은 표 33.1과 같이 압력에 따라 달라진다. 온도계로 물의 어는점 t_0과 끓는점 t_{100}을 결정한 후 다음 식을 사용하여 측정한 온도 t에 대응한 보정 T를 얻는다.

$$T = \frac{T_b}{t_{100} - t_0} (t-t_0)$$

여기서 T_b는 실험실 압력에서 측정된 물의 끓는점이다.

(2) 기구 및 재료

온도계 (0°C 이하와 100°C 이상의 눈금이 있어야 한다), 100 mℓ 비커, 시험관, 코르크마개, 스탠드, 링, 클램프, 클램프집게, 증류수, 얼음, 구리선, 석면, 알코올램프

(3) 온도계 보정

비커에 증류수 50 mℓ를 끓이고 온도계를 넣어 온도계의 눈금을 정확하게 읽는다. 증류수에다 얼음을 넣어 유리봉으로 충분히 저어서 온도를 측정한다. 눈금 종이에다 순수한 물이 어는점과 끓는점을 표시하여 직선을 만들어 온도계의 보정곡선을 만든다.

표 33.1　물의 끓는점

압력(mmHg)	끓는점(°C)	압력(mmHg)	끓는점(°C)
700	97.714	740	99.255
705	97.910	745	99.443
710	98.106	750	99.630
715	98.300	755	99.815
720	98.493	760	100.000
725	98.686	765	100.184
730	98.877	770	100.366
735	99.067		

(4) 끓는점

　보온병이나 비커에 잘게 부순 얼음을 넣고 증류수를 부은 후 잘 저어준다. 온도계를 얼음물에 담그고 2~3분 기다린 후, 온도계의 소수점 아랫자리까지 읽는다. 다음, 그림 33.1과 같이 끓는점 측정장치에 증류수를 2~3㎝ 넣고, 온도계를 증류수의 수면보다 약간 높은 위치에 고정한 다음 조심스럽게 가열하여 증류수를 끓여서 수증기가 온도계의 수은구(알코올구) 둘레에서 응축되게 한다. 시험관의 코르크 마개에는 작은 구멍을 하나 더 만들어 빠져나갈 수 있게 한다. 온도계의 눈금이 일정한 위치에 머물면 소수점 아래 첫 자리까지 읽고 기록한다. 임의의 온도를 읽게 한 후 보정한다.

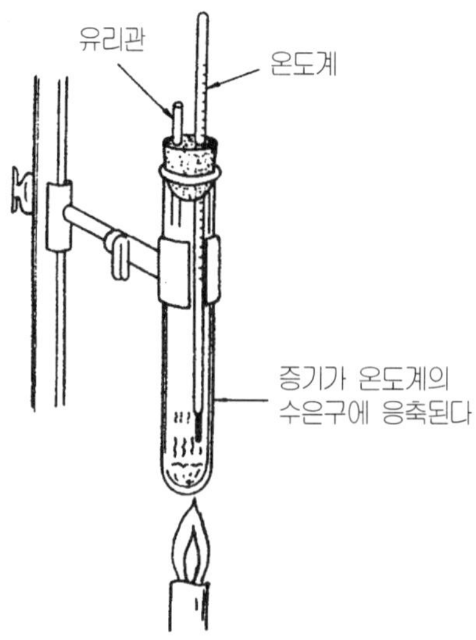

그림 33.1　끓는점 측정장치

(5) 녹는점

1 원 리

녹는점은 순물질마다 고유한 값을 지니므로 물질의 순도를 결정할 수 있다. 녹는점은 결정의 고체상과 액체상이 평행상태에 있는 온도이다. 순수한 물질의 녹는점은 녹기 시작할 때부터 완전히 녹을 때까지의 범위가 0.5°C∼1°C인데 반하여 혼합물은 범위가 매우 넓다. 또 혼합물의 녹는점은 혼합물을 구성하는 순수한 물질의 녹는점보다 낮다. 녹는점을 측정하여 표 33.2와 비교하여 어떠한 물질인가를 확인할 수 있다.

표 33.2 여러 물질의 녹는점

물 질	녹는점 (°C)	물 질	녹는점 (°C)
3.4-dichloro benzoic acid	201∼202	acetanilide	113∼114
succinic acid	186∼188	*N.N*-diphenyl acetamide	99∼100
d-1-camphor	173∼174	acenaphthene	93∼ 94
p-tertiarybutyl benzoic acid	165∼167	acetoacetanilide	84∼ 85
adipic acid	151∼153	naphthalene	79∼ 80
dimethyl terephthalate	140∼142	biphenyl	69∼ 70
phthalic anhydride	131∼132	P-bromchlorobenzene	65∼ 67
bezoic acid	123∼125	P-bichlorobenzene	53∼ 54

2 기구 및 시약

시험관, 알코올램프, 250㎖ 비커, 표 33.2의 시약중 일부, 광물유(또는 dibutyl phthalate) 유리관, 고무 밴드, 얼음

3 방 법

가. 그림 33.2와 같이 직경 경 1mm 정도되는 모세관을 만들고 한쪽 구멍을 막아서 시료를 넣을 7∼8cm 유리관을 만든다.

나. 시료를 가늘게 부수어 모세관에 3∼4mm 정도 높이로 넣는다.

다. 시료가 들어있는 유리관을 시료가 온도계의 수은과 같이 위치하도록 셀로테이프로 고정한다.

　라. 장치가 완성되었으면 시험관 밑을 알코올램프로 가열하여 녹는점을 측정한다. 예상되는 녹는점의 15°C 이하까지는 급히 가열하고 15°C 가까운 온도에서는 1분에 1°C씩 변하도록 천천히 가열한다. 녹는점을 2~3회 측정한다.

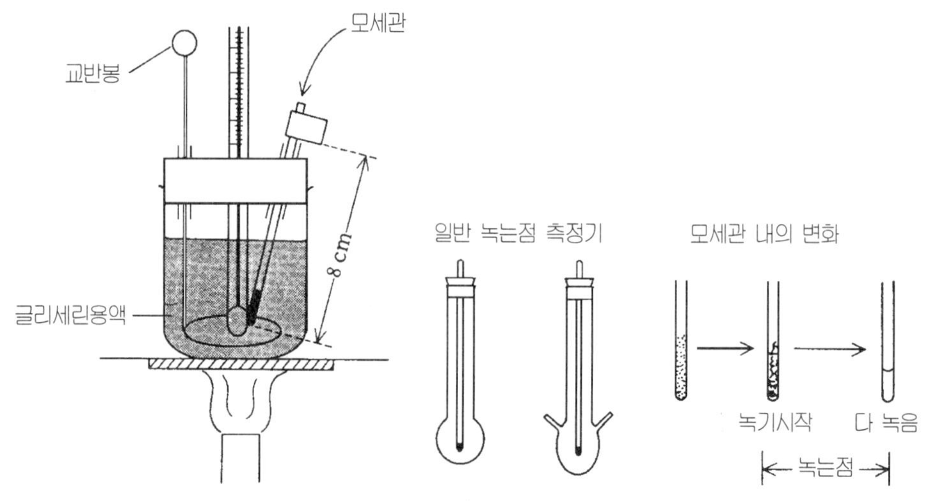

그림 33.2　　녹는점 측정장치

34. 결 정

고체가 녹아 있는 액체를 식혀 응고시키면 결정이 석출한다. 일반적으로 불순물을 포함한 용액을 냉각시켜 결정을 만들면 대부분의 불순물은 액에 남아있고, 순수한 결정을 얻을 수 있다. 물론 100% 순수한 결정은 아니므로 몇 번이고 재결정시켜 순수한 결정을 만든다. 용해도는 용매에 대한 용질의 그램수로서 표시되며 온도에 따라 변한다.

낮은 온도에서는 KCl이 NaCl 보다 덜 녹지만 온도가 증가할 때의 용해도 상승률은 KCl이 훨씬 높다. 이 관계를 이용하여 염(salt)을 분리하고 정제할 수 있다. 예컨대 50g의 KCl과 30g의 NaCl이 물 100g에 녹아 있는 용액을 100°C로부터 냉각하기 시작하면 약 70°C 부근에서 KCl이 가라앉기 시작한다. 0°C에 이르면 약 20g의 KCl이 결정으로 되어 나온다.

이 온도에서 NaCl의 용해도가 35g/100g H_2O이므로 처음에 녹인 30g의 NaCl은 그대로 용액에 남는다. 이것을 거르면 순수한 KCl을 얻을 수 있다. 이때에 주요한 불순물은 용액에서부터 나온다. 이런 과정을 분별결정화(fractional crystallization)라고 한다.

(1) 승화시켜 결정을 얻는 법

요오드는 승화하는 성질을 이용하여 정제시킬 수 있다. 그림 같은 장치로 요오드를

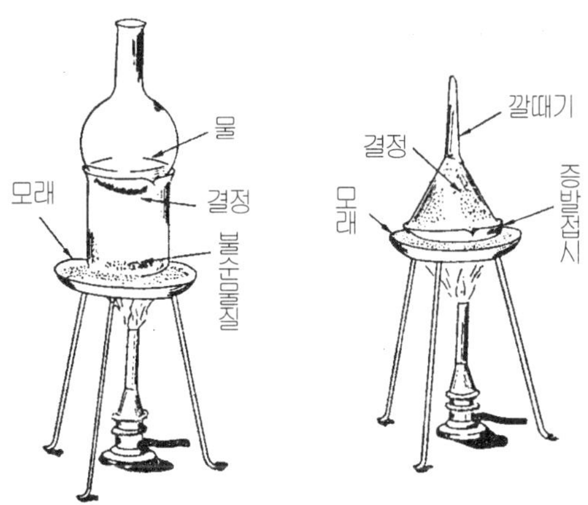

그림 34.1   승화법

가열하면 요오드 기체가 생긴다. 요오드 기체는 깔때기나 물을 넣은 플라스크 밑에 붙어서 결정이 된다. 불휘발성 불순물은 남고, 휘발성의 불순물은 기체가 되어 날아가므로 요오드만 순수하게 얻을 수 있다.

(2) 재결정법

용액에 녹아 있는 고체성분의 결정석출 온도는 서로 다르다.

결정법으로 빙아세트산이나 페놀 같은 것을 정제한다. 아세트산을 냉각시켜서 고체가 될 때, 병을 잘 흔들어서 모액이 결정 속에 들어가지 않게 하고, 병을 기울여서 모액을 흘러 내버리면 수분은 모액과 같이 제거된다. 다음, 결정이 남아 있는 병은 열을 가하여 결정을 녹이고, 다시 식혀서 결정을 석출시키는 방법을 몇 번 반복하면 순수한 빙아세트산을 얻을 수 있다.

불순물이 많을 때는 재결정을 여러 번 해야 순수하게 된다. 불순한 고체는 높은 온도에서 소량의 용매에 녹여서 물이나 얼음으로 식혀 주면 결정이 석출된다. 이것을 여과하여 모액과 분리한다. 그러나 가열한 액을 걸러서 식혀야 할 때도 있다. 거를 때 깔때기 다리에 벌써 결정이 석출되어 거를 수 없는 경우는 보온 깔때기를 사용한다.

용액을 급히 냉각시키면 작은 결정이 생기며, 서서히 냉각하면 큰 결정이 생긴다. 일반적으로 유기물일 때는 큰 결정일수록 순수하며, 결정이 작을수록 표면적이 크고 표면에 불순물이 많이 흡착되어 없애기 힘들다. 무기물은 오히려 결정이 작을수록 순수하다. 무기물은 유기물에 비해 잘 흡착되지 않는다.

35. 반응열

(1) 원 리

화학반응에는 에너지, 부피, 표면 또는 상 변화가 따른다.

여기서는 NaOH의 용해열, NaOH용액과 HCl(aq)과의 중화열을 측정한다.

반응 (1) $NaOH(s) \rightarrow Na+(aq) + OH^-(aq) + x_1\ cal$

반응 (2) $NaOH(s)+H^+(aq)+Cl^-(aq) \rightarrow H_2O + Na^+(aq) + Cl^-(aq) + x_2\ cal$

반응 (3) $Na+(aq)+OH^-(aq)+H^+(aq)+Cl^-(aq) \rightarrow H_2O+Na^+(aq)+Cl^-(aq)+x_3\ cal$

(2) 기구 및 시약

삼각플라스크, 접시저울, 온도계, 칭량병, NaOH, HCl

(3) 방 법

❶ 반응 (1)의 반응열 측정

가. 200㎖ 삼각플라스크를 접시저울에 올려 0.1g까지 단다.

나. 200㎖의 물을 삼각플라스크에 넣고 온도계로서 천천히 저어 주고 일정한 온도
가 되게 하여 온도를 0.2°C까지 기록한다.

다. 약 2g의 NaOH(s)를 0.01g까지 단다. NaOH(s)는 조해성이라 쉽게 녹으므로 신속
하게 단다.

라. NaOH(s)를 삼각플라스크의 물에 넣어 녹이고 온도계를 넣어 가장 높이 올라간
온도를 기록한다.

❷ 반응 (2)의 반응열 측정

물 대신에 0.25M HCl 200㎖를 사용하여 반응 (1) 측정시와 같이 나, 다, 라 순서로
실험한다. 끝나면 한번 더 플라스크를 물로써 씻고, 반응(3)을 실험한다.

❸ 반응 (3)의 반응열 측정

가. 0.5M HCl 100㎖를 취하여 삼각플라스크에 넣고 따로 이 0.5M NaOH 100㎖를 비커에 넣는다. 이들 용액의 온도를 각각 기록한다. 이때 용액은 실온이지만, 실온보다 조금 낮은 온도가 되면 안 된다.

나. NaOH(aq)를 HCl(aq)에 가하고 손으로 빨리 흔들어서 가장 높은 온도에 이르렀을 때의 온도를 기록한다.

실험조건 및 측정 온도를 다음 난에 적는다.

	NaOH(s)	H_2O	용해 전 온도	용해 후 온도		ΔT
반응1	g	㎖				
반응2	NaOH(s)	HCl(aq)	반응 전 온도	반응 후 온도		ΔT
	g	㎖				
반응3	NaOH(aq)	HCl(aq)	반응 전 온도	반응 후 온도		ΔT
	㎖	㎖				

36. 액체의 분자량 측정

(1) 원 리

분자량 측정방법에는 중화법, 기체의 비중법, 빙점강하법, 비점상승법, 삼투압법 등 여러 가지가 있다. 여기서는 기체의 무게로 분자량을 측정하는 방법을 살펴본다. 0°C, 1기압에서 모든 기체 1g 분자가 22.4ℓ를 차지하는 법칙을 이용하여 사염화탄소의 분자량을 측정한다. 사염화탄소를 가열하면 증기가 되므로 이 기체의 일정체적의 무게를 측정하고 그것을 0°C, 1기압으로 환산하여 22.4ℓ의 무게를 계산하여 분자량을 산출한다.

(2) 기구 및 시약

둥근바닥플라스크 200mℓ, 비커 1ℓ, 온도계, 스탠드 집게, 고무마개 천칭, 기압계, 철망, 사염화탄소

(3) 방 법

200mℓ의 둥근바닥플라스크에 고무마개를 하고 중심에 한쪽 끝이 가늘고 짧은 유리관을 끼워 무게를 정확하게 달아 W_1으로 한다. 다음 고무마개를 빼고 사염화탄소(끓는점 76.8°C) 3mℓ를 넣어 끓는 물 속에 담그면 사염화탄소가 끓어 증기가 플라스크의 공기를 밀어내고 플라스크 안에 차게 된다. 여분의 사염화탄소 증기는 유리관으로 빠져나간다(냄새로 확인). 약 20분간 끓이면 사염화탄소는 모두 증기가 되어 플라스크 내부를 완전히 채우고 종말점에 도달한다. 이때의 물의 온도와 대기압을 측정하고 플라스크를 들어내어 플라스크 표면의 물을 닦고 실온이 되도록 방치한다. 플라스크 내의 사염화탄소의 증기는 순식간에 액화되어 플라스크 밑바닥에 모인다. 이 무게와 처음 단 플라스크의 무게의 차 W_2-W_1이 플라스크에 찼던 사염화탄소의 증기의 무게이다.

끝으로 사염화탄소를 버리고 플라스크에 물을 채워 눈금실린더로 물의 체적을 측정하여 다음과 같이 계산한다.

　플라스크의 용적을 Vml, 물의 온도를 $t°C$ 대기압을 PmmHg라 하고 0°C, 760mmHg
의 체적을 V_0라 하면 다음과 같이 된다.

$$\frac{V_0 \times 760}{273} = \frac{V \times P}{273 + t}$$

여기서 사염화탄소의 증기 V_0 ml의 무게가 $(W_2 - W_1)$g이므로 22.4ℓ의 무게를 계산하면
이것이 분자량(M)이 된다.

$$V_0 : 22400 = (W_2 - W_1) : M$$

$$M = 22400 \times \frac{W_2 - W_1}{V_0}$$

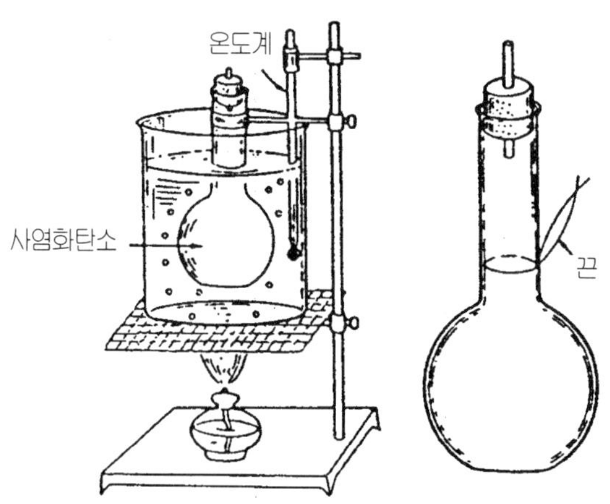

그림 36.1　사염화탄소(CCl₄)의 분자량 측정장치

37. 에틸알코올 발효

(1) 원리

알코올은 공업적으로는 촉매를 사용하여 합성하지만 술의 에틸알코올은 발효로 합성된다.

$$C_{12}H_{22}O_{11} + H_2O \rightarrow 2C_6H_{12}O_6$$

$$C_6H_{12}O_6 \rightarrow 2C_2H_5OH + 2CO_2$$

에틸알코올은 공기 중에서 타면 CO_2와 H_2O를 생성한다.

$$CH_3CH_2OH + 3O_2 \rightarrow 2CO_2 + 3H_2O$$

산화제와 반응시키면 에틸알코올은 아세트알데히드를 거쳐 아세트산으로 변한다.

$$CH_3CH_2OH \rightarrow CH_3CH=O-CH_{23}OOH$$

발효에는 약 일주일이 걸리므로 1주일 전에 반응물들을 섞어준 후 1주일 후에 분리, 확인 실험을 한다.

(2) 기구 및 재료

삼각 플라스크, 고무마개, 증류 콘덴서 등 증류 장치(전열기), 설탕, 무, 드라이 이스트, 0.1M $K_2Cr_2O_7$ 용액

(3) 방 법

300㎖ 삼각플라스크에 설탕 20g과 간 무즙을 20g, 물 150㎖를 가하여 끓여 녹인 후 30°C까지 식혀서 드라이이스트 0.2g을 가하고 잘 흔들어 섞는다. 그리고 솜마개를 하여 35°C의 항온기에 일주일간 놓아둔다.

① 이 용액을 거름종이로 거른다.

② 거른 용액을 5㎖ 마셔본다. 무술에 단맛이 많이 남아 있으면 발효가 덜 된 것이다.

③ 나머지 액을 증류하여 20㎖를 받는다. 1㎖ 정도를 맛본다. 소주의 맛이 날 것이다. 나머지 증류액을 재증류하여 75℃～85℃ 사이에서 나오는 증류액(주정) 약 2㎖를 받는다.

④ 증류액의 냄새를 맡아 본다. 시계 접시 위에 증류액 서너 방울을 떨어뜨린 후 불을 대어서 파란 불꽃을 내면서 타는가 살핀다.

⑤ 시험관에 증류액 5방울과 묽은 황산 10방울 및 $K_2Cr_2O_7$ 용액 2방울을 넣고 섞은 다음 가열하면 $K_2Cr_2O_7$의 오렌지색이 초록색으로 변한다. 가열시 생성되는 증기가 아세트알데히드의 냄새와 같은지 확인한다.

38. 화약 제조

(1) 원 리

같은 산화현상이지만 가장 느린 것부터 산화, 연소, 폭발이라고 한다. 화약은 산소를 내는 물질과 가연제가 배합된 것으로 충격을 받으면 산소재가 산소를 배출하여 연소재를 연소시켜서 일시에 대량의 기체가 발생한다. 기체는 순식간에 발생하므로 대기압의 수백 배, 수천 배에 이르며, 이 기체가 대기압과 같은 압력으로 순식간에 확산하는 현상이 폭발이다.

화약에는 발사약과 폭파약이 있다. 발사약은 흑색화약이나 면화약같이 총이나 대포를 발사하는데 사용하는 것이고, 폭파약은 다이너마이트같이 건물이나 바위 등을 폭파하는데 사용하는 화약이다. 폭파약을 발사약으로 사용하면 총이나 대포가 부수어진다. 폭발 속도가 빠르기 때문이다. 장난감 가게에서 파는 딱총 화약은 폭파약이므로 그것을 긁어내어 총의 발사 화약으로 사용하면 총이 폭파하여 쏘는 사람이 죽게 되므로 그런 장난을 하면 안 된다.

미국인들의 축제에서 물레방아같이 돌면서 불꽃을 내는 것은 흑색화약이다. 로켓, 미사일도 화약과 같은 방식의 연료로 구성되어 화약의 분사력으로 날아간다고 할 수 있다.

흑색화약은 화약 중에서 가장 고전적인 것이지만 대부분 무연화약으로 대체되었다. 흑색화약은 질산칼륨, 숯가루, 황을 혼합·압축하여 입자로 만든다.

면화약은 섬유소를 진한 황산이 존재 하에 진한 질산으로 처리하여 수산기가 질산기로 치환된 질산 섬유소이다. 완전 질산화 생성물은 14.4%의 질소를 포함하지만 완전한 질산화물을 얻기는 어렵다. 12% 이하로 질산화된 생성물을 pyroxylin이라고 하며, 질산셀룰로오스의 락카(nitrellulose lacquers) 등을 만드는데 사용한다. 질산화가 13% 이상이면 면화약이 되며, 노출시에는 단번에 타고, 밀폐되면 폭발한다. 면화약으로 무연화약 및 다이너마이트, 로켓연료를 만든다. 면화약은 불안정하지만 처리로 조작 또는 저장을 완전하게 할 수 있다.

　흑색화약이나 면화약이나 밀폐된 곳에서 충격(뇌관)을 받지 않는 한 폭발은 일어나지 않고 연소가 일어난다.

　성냥골은 염소산칼륨과 황을 혼합한 것으로 산소없이도 연소가 일어나게 한 점에서 화약과 원리가 같다. 뇌관은 화약에 일시에 충격을 주는 기폭장치로 역시 화약으로 구성된다. 도화선은 뇌관까지 시간을 경과하여 작동시키기 위한 것으로 역시 화약성분의 연소를 이용하고 있다.

　실험실에서 만드는 면화약은 불안전하므로 갖고 다녀서는 안 되고, 실험이 끝나면 철망 위에서 태워 버린다. 실험시 보호안경을 착용한다.

(2) 흑색화약

　흑색화약은 질산칼륨 75%, 숯가루 15%, 유황 10%의 비율로 혼합하여 만든다.

　질산칼륨 75g, 숯가루 15g을 따로 막자로 잘 간 다음 황가루까지 모두 섞어서 막자로 잘 간다. 손으로 갈면 미세하게 갈리지 않기 때문에 위력은 약하고, 밀폐된 공간에서 뇌관을 사용하지 않는 한 폭발되기는 어렵다.

(3) 면화약

　10㎖의 진한 질산을 100㎖ 비커에 넣고, 10㎖의 농황산을 천천히 가한다. 0.3g의 탈지면을 유리 막대를 사용하여 담그고 뚜껑을 닫고 10분간 방치한다. 10분이 경과하면 면화약이 든 비커의 산을 버리고, 비커를 물로 가신 후 면을 흐르는 물에 중성이 될 때까지 씻는다. 600㎖ 비커에 100㎖의 물을 가해 끓이면서 만든 유리판으로 뚜껑에 면을 거미줄같이 펼쳐서 올려놓는다. 약 5분간 건조시켜서 철망 위에서 태워본다.

부 록

1. 국제 단위법 (SI 단위, Le Systeme International d'unites)

표 1 SI계 기본 단위

양	단 위	기 호
길 이	미 터	m
질 량	킬로그램	kg
시 간	초	s
온 도	켈 빈	K
물질의 양	몰	mol
전 류	암 페 어	A
광 도	칸 델 라	cd

표 2 SI계 접두어

배 수	접두어	기 호
10^{18}	exa	E
10^{15}	peta	P
10^{12}	tera	T
10^{9}	giga	G
10^{6}	mega	M
10^{3}	kilo	k
10^{2}	hecto	h
10	deka	da
10^{-1}	deci	d
10^{-2}	centi	c
10^{-3}	milli	m
10^{-6}	micro	μ
10^{-9}	nano	n
10^{-12}	pico	p
10^{-15}	femto	f
10^{-18}	atto	a

2. 단위환산표

길 이	무 게
$1\,m = 39.37\,in = 3.281\,ft = 1.0936\,yd$ $1\,in = 0.0254\,m = 2.54\,cm$ $1\,km = 0.6214\,mile$ $1\,angstrom(Å) = 10^{-10}\,m = 0.1\,nm$ $1\,micron(\mu m) = 10^{-6}\,m$ $1\,mile = 1.609\,km$	$1\,g = 0.03527\,oz$ $1\,kg = 2.205\,lb = 35.27\,oz$ $1\,ton = 10^{6}\,g = 1000\,kg$ $1\,lb = 453.6\,g$ $1\,oz(ounce) = 28.35\,g$

부 피	압 력
$1\,\ell = 1000\,m\ell = 1000.028\,cm^{3}$ $1\,ft^{3} = 28.3\,\ell = 7.48\,gal$ $1\,gal = 0.785\,\ell$ $1\,oz(US\ liguid) = 29.6\,m\ell$ $1\,pint = 473.170\,m\ell$ $1\,guart = 946\,m\ell$ $1\,\ell = 1.06\,quarts$ $1\,barrel(석유) = 42\,gla\,(USA) = 158.99\,\ell$	$1\ 기압\ (atm) = 101{,}325\,Pa = 760\,mmHg$ $\quad = 14.70\,lb/in^{2} = 1.013{\times}10^{6}\,dyn/cm^{2}$ $\quad = 760\,torr$

온 도

$0\,K = -273.18°C$

$K = °C + 273$

$°F = 9/5°C + 32$

$°C = 5/9°(F-32)$

에너지	여러 가지 상수와 다른 환산자료
$1\,J = 10^{7}\,erg$ $1\,cal = 4.184\,J$ $1\,Btu = 252.0\,cal = 1054\,J$ $\quad = 3.93{\times}10^{-4}\,hp{\cdot}hr$ $\quad = 2.93{\times}10^{-4}\,kw{\cdot}hr$ $1\,L{\cdot}atm = 24.2\,cal = 101.325\,J$ $1\,eV = 1.602{\times}10^{-19}\,J$	빛의 속도 $(c) = 2.998{\times}10^{8}\,m/sec$ $\quad = 186{,}272\,mile/sec$ 기체 상수 $(R) = 0.08205\,L{\cdot}atm/mol{\cdot}K$ $\quad = 8.314\,J/mol{\cdot}K$ $\quad = 1986\,cal/mol{\cdot}K$ $\quad = 62.36\,L{\cdot}torr/mol{\cdot}K$ 플랑크 상수 $(h) = 6.625{\times}10^{-34}\,J{\cdot}sec$ 아보가드로 수 $(N) = 6.023{\times}10^{23}$

전 기

$1\,A(Ampere) = $ 매초 $1\,Coulomb$의 흐름

$1\,Volt = 1\,A$의 정상전류를 통할 때의 저항 $10\,\Omega$의 도선의 양쪽끝의 전위차와 같다.

$1\,F(Faraday) = 96{,}500\,Coulombs$

$1\,Coulomb = $ 전기분해로 $0.001118\,g$의 Ag를 석출시키는데 필요한 전기량

3. 산의 해리상수 (K_a)

산	분자식	공역염기	K_a	pK_a
Acetic acid	$HC_2H_3O_2$	$C_2H_3O_2^-$	1.8×10^{-5}	4.76
Arsenic acid	H_3AsO_4	$H_2AsO_4^-$	6.0×10^{-3}	2.22
Dihydrogen arsenate ion	$H_2AsO_4^-$	$HAsO_4^{2-}$	1.0×10^{-7}	6.98
Monohydrogen arsenate ion	$HAsO_4^{2-}$	AsO_4^{2-}	4×10^{-12}	11.4
Benzoic acid	$HC_7H_5O_2$	$C_7H_5O_2^-$	6.3×10^{-5}	4.20
Boric acid	H_3BO_3	$B(OH)_4^-$	5.8×10^{-10}	9.24
Carbonic acid	$H_2CO_3 + CO_2$	HCO_3^-	4.4×10^{-7}	6.35
Hydrogen carbonate ion	HCO_3^-	CO_3^{2-}	4.7×10^{-11}	10.33
Hydrogen chromate ion	$HCrO_4^-$	CrO_4^{2-}	3.0×10^{-7}	6.52
Citric acid	$H_3C_6H_5O_7$	$H_2C_6H_5O_7^-$	7.4×10^{-4}	3.13
Dihydrogen citrate ion	$H_2C_6H_5O_7^-$	$HC_5H_5O_7^{2-}$	1.7×10^{-5}	4.76
Monohydrogen citrate ion	$HC_6H_5O_7^{2-}$	$C_6H_5O_7^{3-}$	4.0×10^{-7}	6.40
Formic acid	$HCHO_2$	CHO_2^-	1.8×10^{-4}	3.76
Glycine	$^+NH_3CH_2CO_2^-$	$NH_2CH_2CO_2^-$	1.7×10^{-10}	9.78
Hydrocyanic acid	HCN	CN^-	4×10^{-10}	9.4
Hydrofluoric acid	HF	F^-	6.7×10^{-4}	3.17
Hydrosulfuric acid	H_2S	HS^-	1.0×10^{-7}	7.0
Hydrogen sulfide ion	HS^-	S^{2-}	1.3×10^{-14}	12.9
Lactic acid	$HC_3H_5O_3$	$C_3H_5O_3^-$	1.4×10^{-4}	3.86
Monchloroacetic acid	$HC_2H_2ClO_2$	$C_2H_2ClO_2^-$	1.4×10^{-3}	2.86
Nitrous acid	HNO_2	NO_2^-	5.1×10^{-3}	3.3
Oxalic acid	$H_2C_2O_4$	$HC_2O_4^-$	5.4×10^{-2}	1.3
Hydrogen oxalate ion	$HC_2O_4^-$	$C_2O_4^{2-}$	5.4×10^{-5}	4.27
Phosphoric acid	H_3PO_4	$H_2PO_4^-$	7.1×10^{-3}	2.15
Dihyhrogen phosphate ion	$H_2PO_4^-$	HPO_4^{2-}	6.3×10^{-8}	7.20
Monohydrogen phosphate ion	HPO_4^{2-}	PO_4^{3-}	4.4×10^{-13}	12.4
Propionic acid	$HC_3H_5O_2$	$C_2H_5O_2^-$	1.3×10^{-5}	4.87
Succinic acid	$H_2C_4H_4O_4$	$HC_4H_4O_4^-$	6.2×10^{-5}	4.21
Hydrogen succinate ion	$HC_4H_4O_4^-$	$C_4H_4O_4^{2-}$	2.3×10^{-6}	5.64
Sulfamic acid	HNH_2SO_3	$NH_2SO_3^-$	1.0×10^{-1}	1.0
Hydrogen sulfate ion	HSO_4^-	SO_4^{2-}	1.0×10^{-2}	1.99
Sulfurous acid	$H_2SO_3+SO_2$	HSO_3^-	1.7×10^{-2}	1.8
Hydrogen sulfite ion	HSO_3^-	SO_3^{2-}	6.2×10^{-8}	7.20
Tararic acid	$H_2C_4H_4O_6$	$HC_4H_4O_6^-$	1.1×10^{-3}	2.96
Hydrogen tartrate ion	$HC_4H_4O_6^-$	$C_4H_4O_6^{2-}$	4.3×10^{-5}	4.37

4. 착이온의 평형상수

평 형	K_d
$Ag(NH_3)_2^+ \Longleftrightarrow Ag^+ + 2\ NH_3$	6.3×10^{-8}
$Co(NH_3)_6^{2+} \Longleftrightarrow Co^{2+} + 6\ NH_3$	2.9×10^{-5}
$Ni(NH_3)_6^{2+} \Longleftrightarrow Ni^{2+} + 6\ NH_3$	5.7×10^{-9}
$Cu(NH_3)_4^{2+} \Longleftrightarrow Cu^{2+} + 4\ NH_3$	8.5×10^{-13}
$Zn(NH_3)_4^{2+} \Longleftrightarrow Zn^{2+} + 4\ NH_3$	1.4×10^{-9}
$Cd(NH_3)_4^{2+} \Longleftrightarrow Cd^{2+} + 4\ NH_3$	1.9×10^{-7}
$HgCl_4^{2-} \Longleftrightarrow Hg^{2+} + 4\ Cl^-$	8.3×10^{-16}
$Ag(CN)_2^- \Longleftrightarrow Ag^+ + 2\ CN^-$	1×10^{-20}
$Ni(Cn)_4^{2-} \Longleftrightarrow Ni^{2+} + 4\ CN^-$	1×10^{-22}
$Cu(CN)_3^{2-} \Longleftrightarrow Cu^+ + 3\ CN^-$	2.6×10^{-29}
$Cu(CN)_4^{3-} \Longleftrightarrow Cu^+ + 4\ CN^-$	5×10^{-31}
$Zn(CN)_4^{2-} \Longleftrightarrow Zn^{2+} + 4\ CN^-$	1×10^{-19}
$Cd(CN)_4^{2-} \Longleftrightarrow Cd^{2+} + 4\ CN^-$	7.8×10^{-19}
$Hg(CN)_4^{2-} \Longleftrightarrow Hg^{2+} + 4\ CN^-$	3×10^{-42}
$Zn(OH)_4^{2-} \Longleftrightarrow Zn^{2+} + 4\ OH^-$	3.3×10^{-16}
$Zn(OH)_4^{2-} \Longleftrightarrow Zn(OH)_2(s) + 2\ OH^-$	4.54
$Al(OH)_4^- \Longleftrightarrow Al^{3+} + 4\ OH^-$	1×10^{-34}
$Al(OH)_4^- \Longleftrightarrow Al(OH)_3(s) + OH^-$	6.2×10^{-2}
$Sn(OH)_3^- \Longleftrightarrow Sn^{2+} + 3\ OH^-$	4.1×10^{-26}
$Sn(OH)_3^- \Longleftrightarrow Sn(OH)_2(s)^+ + OH^-$	2.63
$Pb(OH)_3^- \Longleftrightarrow Pb^{2+} + 3\ OH^-$	9.1×10^{-15}
$Pb(OH)_3^- \Longleftrightarrow Pb(OH)_2(s) + OH^-$	21.74
$2\ Sb(OH)_4^- \Longleftrightarrow Sb_2O_3(s) + 3H_2O + 2\ OH^-$	1.3×10^4
$HgI_4^{2-} \Longleftrightarrow Hg^{2+} + 4\ I^-$	5.3×10^{-31}
$FeSCN^{2+} \Longleftrightarrow Fe^{3+} + SCN^-$	9.4×10^{-4}
$Hg(SCN)_4^{2-} \Longleftrightarrow Hg^{2+} + 4\ SCN^-$	1.3×10^{-22}
$Ag(S_2O_3)_2^{3-} \Longleftrightarrow Ag^+ + 2\ S_2O_3^{2-}$	3.5×10^{-14}

5. 양이온산 및 짝염기의 K_a와 K_b

양이온산 및 짝염기	분자식	K_a	pK_a	K_b	pK_b
Ammonium ion	NH_4^+	5.7×10^{-10}	9.24		
Ammonia	NH_3			1.8×10^{-5}	4.76
Anilinium	$C_6H_5NH_3^+$	2.6×10^{-5}	4.59		
Aniline	$C_6H_5NH_2$			3.9×10^{-10}	9.41
Glycinium ion	$^+NH_3CH_2CO_2H$	4.5×10^{-3}	2.35		
Glycine	$^+NH_3CH_2CO_2^-$			2.2×10^{-12}	11.65
Methylammonium ion	$CH_3CH_3^+$	2.4×10^{-11}	10.62		
Methylamine	CH_3NH_2			4.2×10^{-4}	3.38
Pyridinum ion	$C_5H_5NH^+$	5.0×10^{-6}	5.30		
Pyridine	C_5H_5N			2.0×10^{-9}	8.70
Triethanolammonium ion	$(C_2H_4OH)_3NH^+$	1.7×10^{-8}	7.77		
Triethanolamine	$(C_2H_4OH)_3N$			5.9×10^{-7}	6.23
Trimethylammonium ion	$(CH_3)_3NH^+$	1.6×10^{-10}	9.80		
Trimethylamine	$(CH_3)_3N$			6.3×10^{-5}	4.20

6. 용해도곱 상수 (K_{sp}) (18~25°C)

화합물	분자식	K_{sp}
Aluminum hydroxide	$Al(OH)_3$	1.1×10^{-15}
Barium carbonate	$BaCO_3$	8.1×10^{-9}
Barium chromate	$BaCrO_4$	1.6×10^{-10}
Barium fluoride	BaF_2	1.7×10^{-6}
Barium oxalate	$BaC_2O_4 \cdot 2H_2O$	1.2×10^{-17}
Barium sulfate	$BaSO_4$	1.1×10^{-10}
Barium sulfide	Bi_2S_3	1.6×10^{-82}
Calcium carbonate	$CaCO_3$	9.9×10^{-9}
Calcium chromate	$CaCrO_4$	3.6×10^{-6}
Calcium fluoride	CaF_2	3.4×10^{-11}
Calcium oxalate	$CaC_2O_4 \cdot H_2O$	1.8×10^{-9}
Calcium sulfate	$CaCSO_4 \cdot 2H_2O$	2.5×10^{-5}
Calcium hydroxide	$Cd(OH)_2$	1.7×10^{-12}
Calcium oxalate	$CdC_2O_4 \cdot 3H_2O$	1.5×10^{-8}
Calcium sulfide	CdS	3.6×10^{-29}
Chromium(III) hydroxide	$Cr(OH)_3$	7×10^{-31}
Cobalt (II) hydroxide (pink)	$Co(OH)_2$	1.6×10^{-13}
Cobalt (III) hydroxide	$Co(OH)_3$	1×10^{-42}
Cobalt (II) sulfide	CoS	3×10^{-26}
Copper (I) chloride	$CuCl$	1.0×10^{-6}
Copper (II) chromate	$CuCrO_4$	3.6×10^{-6}
Copper (II) hydroxide	$Cu(OH)_2$	4.5×10^{-19}
Copper(I) iodide	CuI	5.1×10^{-12}
Copper(II) sulfide	Cu_2S	2×10^{-47}

화합물	분자식	K_{sp}
Copper(II) sulfide	CuS	2.8×10^{-45}
Iron(II) hydroxide	$Fe(OH)_2$	1.6×10^{-14}
Iron(III) hydroxide	$Fe(OH)_3$	1.1×10^{-36}
Iron(II) sulfide	FeS	3.7×10^{-19}
Lead bromide	$PbBr_2$	4.6×10^{-6}
Lead carbonate	$PbCO_3$	3.3×10^{-14}
Lead chloride	$PbCl_2$	2.4×10^{-4}
Lead chromate	$PbCrO_4$	1.8×10^{-14}
Lead fluoride	PbF_2	3.2×10^{-3}
Lead hydroxide	$Pb(OH)_2$	2.8×10^{-16}
Lead iodide	PbI_2	1.4×10^{-3}
Lead oxalate	PbC_2O_4	2.7×10^{-12}
Lead sulfate	$PbSO_4$	1.1×10^{-3}
Lead sulfide	PbS	3.4×10^{-22}
Magnesium ammonium phosphate	$MgNH_4PO_4 \cdot 6H_2O$	2.5×10^{-12}
Magnesium carbonate	$MgCO_3$	2.1×10^{-5}
Magnesium fluoride	MgF_2	7.1×10^{-9}
Magnesium hydroxide	$Mg(OH)_2$	1.2×10^{-11}
Magnesium oxalate	MgC_2O_4	8.6×10^{-5}
Magnesie(II) carbonate	$MnCO_3$	8.8×10^{-14}
Magnesie(II) hydroxide	$Mn(OH)_2$	4×10^{-14}
Magnesie(II) sulfide	MnS	1.4×10^{-15}
Mercury(I) chloride	Hg_2Cl_2	2.0×10^{-13}
Mercury(I) chromate	Hg_2CrO_4	1.6×10^{-9}
Mercury(I) iodide	Hg_2I_2	1.2×10^{-22}
Mercury(II) oxide	HgO	7.8×10^{-34}
Mercury(I) sulfate	Hg_2SO_4	4.8×10^{-7}
Mercury(II) sulfide(black)	HgS	4×10^{-33}
Nickel hydroxide	$Ni(OH)$	8.7×10^{-19}
Nickel sulfide	NiS	1.4×10^{-34}
Sliver acetate	AgC_2H_3O	3.8×10^{-4}
Sliver arsenate	Ag_3AsO	1×10^{-22}
Sliver bromide	$AgBr$	4.1×10^{-12}
Sliver carbonate	Ag_2CO_3	6.2×10^{-12}
Sliver chloride	$AgCl$	1.56×10^{-10}
Sliver chromate	Ag_2CrO_4	2.4×10^{-12}
Sliver cyanide	$AgCN$	2.2×10^{-12}
Sliver iodide	AgI	1.5×10^{-16}
Sliver oxide	Ag_2O	1.5×10^{-3}
Sliver phosphate	Ag_3PO_4	1.3×10^{-20}
Sliver sulfate	Ag_2SO_4	1.7×10^{-5}
Sliver sulfide	Ag_2S	1.6×10^{-19}
Strontium carbonate	$SrCO_3$	1.6×10^{-9}
Strontium chromate	$SrCrO_4$	3.6×10^{-6}
Strontium fluride	SrF_2	2.8×10^{-3}
Strontium oxalate	$SrC_2O_4 \cdot H_2O$	5.6×10^{-2}
Strontium sulfate	$SrSO_4$	3.8×10^{-7}

7. 산의 비중과 농도

(a) 염 산

비중 d_4^{15}	규정도 [N]	HCl 농도 [%]	수용액 1ℓ 중에 함유된 H_2Cl [g]
1.000	0.04	0.16	16
1.005	0.32	1.15	12
1.010	0.60	2.14	22
1.150	0.88	3.12	32
1.020	1.15	4.13	42
1.025	1.45	5.15	53
1.030	1.73	6.15	64
1.035	2.03	7.15	74
1.040	2.33	8.16	85
1.045	2.63	9.16	96
1.050	2.93	10.17	107
1.055	3.23	11.18	118
1.060	3.53	12.19	129
1.065	3.83	13.19	151
1.070	4.17	14.17	152
1.075	4.47	15.16	163
1.080	4.77	16.15	174
1.085	5.09	17.13	186
1.090	5.40	18.11	197
1.095	5.73	19.06	209
1.100	6.03	20.01	220
1.105	6.36	20.97	232
1.110	6.66	21.92	243
1.115	6.99	22.86	255
1.120	7.32	23.82	267
1.125	7.65	24.78	278
1.130	7.97	25.75	291
1.135	8.28	26.70	303
1.140	8.63	27.66	315
1.145	8.99	28.61	328
1.150	9.32	29.57	340
1.155	9.67	30.55	353
1.160	10.02	31.52	366
1.165	10.39	32.49	379
1.170	10.72	33.46	392
1.175	11.08	34.42	404
1.180	11.47	35.39	418
1.185	11.79	36.31	430
1.190	12.13	37.23	443
1.195	12.50	38.16	456
1.200	12.87	39.11	469

(b) 황 산

비중 d_4^{15}	규정도 [N]	H_2SO_4 농도 [%]	수용액 1ℓ 중에 함유된 H_2SO_4 [g]
1.00	0.02	0.09	1
1.05	1.57	7.37	77
1.10	3.22	14.35	158
1.15	4.87	20.91	239
1.20	6.69	27.32	328
1.25	8.55	33.43	418
1.30	10.40	39.19	510
1.35	12.34	44.82	605
1.40	14.31	50.11	702
1.45	16.27	55.03	798
1.50	18.27	59.70	896
1.55	20.31	64.26	996
1.60	22.41	68.70	1099
1.65	24.54	72.96	1204
1.70	26.75	77.17	1312
1.80	31.88	86.92	1564
1.827	34.07	91.50	1671
1.84	35.87	95.60	1759
1.8385	37.23	99.31	1826

(c) 질 산

비중 d_4^{15}	규정도 [N]	HNO_3 농도 [%]	수용액 1ℓ 중에 함유된 HNO_3 [g]
1.000	0.02	0.10	1
1.050	1.49	8.99	94
1.100	2.98	17.11	188
1.150	4.54	24.84	286
1.195	6.00	31.62	378
1.250	7.91	39.82	498
1.300	9.80	47.49	617
1.350	11.94	55.79	753
1.420	15.75	69.30	991
1.450	17.80	77.28	1121
1.500	22.40	94.09	1411
1.510	23.50	98.10	1481
1.515	23.80	99.07	1501
1.520	24.05	99.67	1515

8. 물의 끓는점

압력(mmHg)	끓는점(℃)	압력(mmHg)	끓는점(℃)
700	97.714	740	99.255
705	97.910	745	99.443
710	98.106	750	99.630
715	98.300	755	99.815
720	98.493	760	100.000
725	98.686	765	100.184
730	98.877	770	100.366
735	99.067		

9. 물의 밀도

온도(℃)	밀도(g/mℓ)	온도(℃)	밀도(g/mℓ)
0	0.99984	21	0.99800
1	0.99990	22	0.99777
2	0.99994	23	0.99754
3	0.99997	24	0.99730
4	0.99998	25	0.99705
5	0.99997	26	0.99679
6	0.99994	27	0.99652
7	0.99990	28	0.99624
8	0.99985	29	0.99575
9	0.99978	30	0.99565
10	0.99970	31	0.99534
11	0.99961	32	0.99503
12	0.99950	33	0.99471
13	0.99938	34	0.99437
14	0.99925	35	0.99403
15	0.99910	36	0.99369
16	0.99895	37	0.99333
17	0.99878	38	0.99297
18	0.99860	39	0.99260
19	0.99841	40	0.99222
20	0.99821	41	0.99183

10. 물의 증기압

온도(℃)	증기압(g/mmHg)	온도(℃)	증기압(g/mmHg)
-10(얼음)	1.0	27	26.7
-5(얼음)	3.0	28	28.3
0	4.6	29	30.0
5	6.5	30	31.8
10	9.2	35	42.2
15	12.8	40	55.3
16	13.6	45	71.9
17	14.5	50	92.5
18	15.5	60	149.4
19	16.5	70	233.7
20	17.5	80	355.1
21	18.6	90	525.8
22	19.8	100	760.0
23	21.1	110	1,074.6
24	22.4	150	3,570.5
25	23.8	200	11,659.2
26	25.2	300	64,432.8

기압계의 압력에 대한 온도보정치

온도(℃)	기압계의 압력(mmHg)						
	640	660	680	700	720	740	760
16	1.7	1.7	1.8	1.8	1.9	1.9	2.0
18	1.9	1.9	2.0	2.1	2.1	2.2	2.2
20	2.1	2.2	2.2	2.3	2.3	2.4	2.5
22	2.3	2.4	2.4	2.5	2.6	2.7	2.7
24	2.5	2.6	2.7	2.7	2.8	2.9	3.0
26	2.7	2.8	2.9	3.0	3.0	3.1	3.2
28	2.9	3.0	3.1	3.2	3.3	3.4	3.5
30	3.1	3.2	3.3	3.4	3.5	3.6	3.7

※ 기압계의 압력은 0°C에서 수은주의 높이임.

보고서 작성 요령

1. 보고서에는 다음과 같은 사항을 기록한다.

   (1) 날 짜 :

   (2) 학 번 :

   (3) 성 명 :

   (4) 조 :

   (5) 실험제목 :

   (6) 원 리 :

   (7) 기 기 :

   (8) 시약 및 조제법 :

   (9) 방 법 :

  (10) 결 과 :

  (11) 고 찰 :

  (12) 주의사항 :

  (13) 참고문헌 :

2. 보고서 작성 요령

보고서는 손으로 써도 좋으나 Word Processor로 작성하는 것이 바람직하다. 남의 것을 베끼면 안된다. 그리고 실험 결과가 잘못되었다고 거짓으로 실험결과를 조작하면 안된다. 보고서는 형형색색 요란하게 하지 않아도 된다. 보고서는 다음 실험 시간 시작 전까지 제출한다.

일반화학 실험 보고서

담당교수님		날짜	년	월	일
학　　과		학년		반	
학　　번		조		성명	
실 험 제 목					

일반화학 실험 보고서

담당교수님		날짜	년	월	일
학　　　과		학년		반	
학　　　번		조		성명	
실 험 제 목					

일반화학 실험 보고서

담당교수님		날짜	년 월 일			
학 과		학년		반		
학 번		조		성명		
실 험 제 목						

일반화학 실험 보고서

담당교수님		날짜	년 월 일		
학 과		학년		반	
학 번		조		성명	
실 험 제 목					

일반화학 실험 보고서

담당교수님		날짜	년 월 일		
학 과		학년		반	
학 번		조		성명	
실 험 제 목					

일반화학 실험 보고서

담당교수님		날짜	년 월 일		
학 과		학년		반	
학 번		조		성명	
실 험 제 목					

■ 저자 약력

• 안용근

　　충남대학교 식품공학과 졸업
　　일본 오사카시립대학 대학원 이학부, 이학박사
　　현, 충청대학 식품영양과 교수

일반화학실험

1999년　2월　12일　초판 발행
2001년　8월　8일　2쇄 발행
2005년　2월　20일　3쇄 발행
2007년　4월　25일　4쇄 발행

지 은 이 • 안 용 근

발 행 인 • 김 홍 용

펴 낸 곳 • 도서출판 효 일

주　　소 • 서울특별시 동대문구 용두2동 102-201

전　　화 • 02) 928-6644

팩　　스 • 02) 927-7703

홈페이지 • www.hyoilbooks.com

등　　록 • 1987년 11월 18일 제 6-0045 호

값 **8,000** 원

ISBN: 89-85768-65-4

원소의 성질

원 소	기 호	원자번호	원자량	그램원자부피 (cc/그램원자)	녹는점 (℃)	끓는점 (℃)
가돌리늄	Gd	64	157.26	19.79	-	-
갈륨	Ga	31	69.72	11.8	29.8	2071
게르마늄	Ge	32	72.60	13.5	937.	약 2700
구리	Cu	29	63.54	7.09	1084	2495
금	Au	79	197.0	10.2	1063	2966
나트륨	Na	11	22.991	24	97.9	880
네오디뮴	Nd	60	144.27	20.5	840	-
네온	Ne	10	20.183	13.987	-248.6	-246.1
니오브	Nb	41	92.91	10.8	2500	3300
니켈	Ni	28	58.71	6.6	1455	2732
디스프로슘	Dy	66	162.51	18.972	-	-
라돈	Rn	86	222	50.5	-71	-62
라듐	Ra	88	226.05	45	700	1140
란탄	La	57	138.92	22.6	826	1800
레늄	Re	75	186.22	8.9	3170	약 5900
로듐	Rh	45	102.91	8.273	1966	약 4500
루비듐	Rb	37	85.48	55.9	39	679
루테늄	Ru	44	101.1	8.33	2450	약 4900
루테튬	Lu	71	174.99	17.961	-	-
리튬	Li	3	6.940	13	186	1336
마그네슘	Mg	12	24.32	14.0	651	1103
망간	Mn	25	54.94	7.38	1245	2150
몰리브덴	Mo	42	95.95	9.41	2620	4801
바나듐	V	23	50.95	8.97	1900	3000
바륨	Ba	56	137.36	39	710	1500
백금	Pt	78	195.09	9.102	1733	4407
베릴륨	Be	4	9.01	4.96	약 1300	2970
브론	B	5	10.82	4.7	2300	2550
브롬	Br	35	79.916	19.737	7.3	58
비소	As	33	74.91	131	-	610(승화)
비스무드	Bi	83	209.0	21.37	271	1477
사마륨	Sm	62	150.35	19	>1300	-
산소	O	8	16.00	-	-218.8	-182.97